Avtandil Korakhashvili

Produção sustentável de culturas de leguminosas endémicas e de leguminosas libertadas na Geórgia

Avtandil Korakhashvili

Produção sustentável de culturas de leguminosas endémicas e de leguminosas libertadas na Geórgia

ScienciaScripts

Imprint
Any brand names and product names mentioned in this book are subject to trademark, brand or patent protection and are trademarks or registered trademarks of their respective holders. The use of brand names, product names, common names, trade names, product descriptions etc. even without a particular marking in this work is in no way to be construed to mean that such names may be regarded as unrestricted in respect of trademark and brand protection legislation and could thus be used by anyone.

Cover image: www.ingimage.com

This book is a translation from the original published under ISBN 978-613-9-92310-6.

Publisher:
Sciencia Scripts
is a trademark of
Dodo Books Indian Ocean Ltd. and OmniScriptum S.R.L publishing group

120 High Road, East Finchley, London, N2 9ED, United Kingdom
Str. Armeneasca 28/1, office 1, Chisinau MD-2012, Republic of Moldova, Europe
Printed at: see last page
ISBN: 978-620-5-71978-7

Índice

Siglas:

AE - Agricultural Extension
ACDI-VOCA- an international organization that works on value chain development
AUG - Agricultural University of Georgia
CEC - contour-error control
CNFA- Cultivating New Frontiers in Agriculture
CSA - Climate Smart Agriculture
DRR - Disaster Risk Reduction
DRP - Digestible Raw Protein
EBRD - European Bank of Reconstruction and Development
ECP/GR- The European Cooperative Programme for Plant Genetic Resources
FAO-Food and Agricultural Organization
FSM – Food Safety Management
GTZ - German federally owned international cooperation   enterprise
HSW - Hundred seed weight
ICARDA - International Canter for Agricultural Research in the Dry Areas
INDC - Intended Nationally Determined Contribution
IT- Information Technologies
ITS - Internal Transcribed Spacer
IPGRI - international plant genetic resources institute
NNEM- Non Nitrogen Extracted Matter
NSCG - National Soil Concept for Georgia
TSU - Tbilisi State University
UNFCCC - United Nations Framework Convention on Climate Change
WB- World Bank

Prefácio

Muitas culturas de leguminosas forrageiras são de grande valor na Geórgia, tanto em termos económicos como ambientais. Contudo, o potencial para a produção dessas leguminosas forrageiras em todas as regiões da Geórgia está longe de ser realizado. Os programas de leguminosas na maioria das explorações agrícolas poderiam ser melhorados. Durante 1998-2017, o envolvimento profissional na produção de cereais e leguminosas forrageiras na Geórgia demonstrou aos autores que existia uma necessidade de publicações modernas, mas práticas, sobre o tema. Embora nenhum artigo ou brochura possa conter todos os factos e discutir todas as perspectivas que possam ser benéficas, acreditamos que este livro contém informação básica necessária para o melhoramento bem sucedido dos solos subutilizados na Geórgia para o cultivo de leguminosas.

Embora o título deste livro seja "Produção Sustentável de Leguminosas Endémicas e Libertadas na Geórgia" muitas das espécies de leguminosas aqui discutidas podem ser cultivadas na Geórgia, ou em outras partes dos países do Cáucaso, como estratégia aceitável. Além disso, muitos dos conceitos relacionados com culturas de leguminosas de grão e forrageiras podem ser aplicados a espécies não adaptadas no país. Consequentemente, a informação contida neste livro terá valor para muitas pessoas fora da região, bem como para uma melhor compreensão das leguminosas para o bem comum.

As características do ambiente do solo para o seu melhoramento por leguminosas há muito que são reconhecidas, mas muitas vezes parecem ser esquecidas ou ignoradas em explorações individuais. Parte deste ambiente pode ser explicado pela interrupção dos ciclos de ervas daninhas, insectos, ou doenças. Outro benefício é a acumulação de matéria orgânica no solo de superfície [39].

As leguminosas perenes e anuais também tendem a tornar o solo mais adequado para culturas subsequentes de outras formas. Estas incluem: melhor inclinação do solo devido à actividade de minhocas, insectos do solo e microrganismos; e o desenvolvimento de canais radiculares que as culturas subsequentes utilizam para penetrar mais profundamente no solo. Com o tempo, a capacidade de retenção de nutrientes do solo tende a aumentar e vários ciclos minerais funcionam para aumentar a disponibilidade de nutrientes na camada superficial do solo [35].

As rotações de culturas com leguminosas são uma prática agronómica básica desejável que tende a aumentar a produtividade a longo prazo dos solos subutilizados. Quando são utilizadas leguminosas forrageiras nas rotações de culturas, as culturas seguintes beneficiam de quantidades substanciais de azoto residual fixado pelas leguminosas. Devido aos numerosos benefícios das culturas de forragem, como o trevo branco, muitas culturas em fila devem ser cultivadas em rotação com misturas de gramíneas/leguminosas.

Em muitos casos, o cultivo de leguminosas pode ser mais rentável do que o cultivo de outras culturas arvenses. Embora as leguminosas sejam geralmente mais difíceis de gerir, as suas vantagens ultrapassam muitas vezes as suas desvantagens. Nem todos os hectares de rotação de culturas devem incluir leguminosas, mas vale a pena para um produtor considerar se a introdução de leguminosas seria benéfica e viável.

Acreditamos que as culturas de leguminosas têm um papel importante a desempenhar no futuro das regiões do Cáucaso e do nosso país desenvolveu a agricultura. É nossa sincera esperança que todos os capítulos do livro sejam de valor para os produtores de animais, agentes de extensão agrícola, pessoal dos serviços de reabilitação do solo e de conversação; trabalhadores agrícolas profissionais; comerciantes de sementes, químicos, fertilizantes e agro-equipamentos; consultores de extensão agrícola; estudantes; e outros indivíduos ou grupos que procurem informações sobre culturas de leguminosas [37].

As exigências articuladas acima são globais, representando uma procura em todos os sistemas agrícolas. No entanto, prevê-se que a Geórgia e outros países do Cáucaso sejam os que mais contribuem para o crescimento populacional, e prevê-se que sejam especialmente vulneráveis às alterações climáticas. Notavelmente, os efeitos das alterações climáticas incluirão um abastecimento de água imprevisível e temperaturas elevadas nesses países, tornando mais importante a urgência da geração de cereais e forragens ou leguminosas adaptadas a temperaturas elevadas. É também nestas regiões que os rendimentos das culturas são significativamente superiores à média mundial, com uma significativa diferença de rendimentos, pelo que existe um grande potencial para aumentar a produtividade, a nutrição do solo e a protecção ambiental ecológica.

O aumento da produtividade das leguminosas de grão é totalmente consistente com a estratégia de investigação futura da alimentação animal e pode ser um elemento criticamente importante para alcançar tanto o crescimento agrícola inclusivo como os objectivos nutricionais da Feed the Future.

Os ganhos de produtividade das leguminosas de grão através da redução dos custos e do aumento da competitividade das leguminosas forrageiras dos países do Futuro podem abrir novos mercados e oportunidades de rendimento, a nível interno e regional/internacional, aos produtores de leguminosas de grão, bem como a uma série de outros empregados e participantes na cadeia de valor (por exemplo, na comercialização, armazenamento, transporte, controlo de qualidade, segurança alimentar, etc.), contribuindo assim para o crescimento agrícola inclusivo na Geórgia. Ao mesmo tempo, uma maior disponibilidade de cereais e leguminosas forrageiras (através da produção própria, para famílias de agricultores, e baixando os preços ao consumidor para outros) pode ter um impacto positivo no estado nutricional.

No caso da Geórgia, a produtividade agrícola acabou de atingir os níveis dos outros países nos anos 90, e isto deve-se em grande parte ao lento avanço tecnológico (Bio, agro, nano e tecnologias da informação). Na região do Norte e do Sul do Cáucaso, estas culturas sustentam a agricultura verde, sendo defendida pelos governos e parceiros de desenvolvimento, doadores e parceiros internacionais.

Esta Bolsa de Agricultura procura identificar questões críticas pesquisáveis para melhorar a produtividade de cereais e leguminosas forrageiras no contexto de limitações e oportunidades conhecidas e previsíveis. Ao explorar a comunidade global de especialistas em leguminosas para identificar áreas de investigação que merecem investimento futuro em investigação, procuramos identificar resultados críticos de investigação que maximizem os benefícios económicos, ambientais e nutricionais das culturas de leguminosas endémicas da Geórgia e de muitos séculos atrás libertadas para os pequenos e grandes agricultores. Para o conseguir, é necessária uma compreensão da relação entre o desempenho das culturas (nos campos dos agricultores e a contribuição para a diversidade alimentar) e o seu contexto social, económico e ambiental [30, 31].

Positamos que as leguminosas são um componente crítico dos sistemas de produção sustentáveis e rentáveis de pequenos e médios produtores, e uma maior disponibilidade e acessibilidade das leguminosas locais pode contribuir para a melhoria da diversidade alimentar. Além disso, o aumento da produtividade das leguminosas endémicas e libertadas, incluindo a redução da diferença de rendimento, é fundamental para alcançar sistemas de produção mais sustentáveis e rentáveis, melhorando simultaneamente a disponibilidade e acessibilidade de leguminosas nutritivas de grão e forrageiras.

A seguir, identificamos áreas temáticas de plantas e solos críticas para a produtividade dessas leguminosas, e colocamos uma série de questões destinadas a obter respostas informativas dos participantes da consulta. Primeiro, queremos esclarecer o papel das leguminosas na melhoria da fertilidade do solo georgiano.

Capítulo 1. Leguminosas endémicas e libertadas para a produção sustentável de forragens e melhoria do solo na Geórgia

Na Geórgia, os programas de leguminosas na maioria das explorações agrícolas puderam ser melhorados durante os últimos anos, o envolvimento profissional na produção de leguminosas endémicas e durante muitos séculos atrás libertadas, demonstrou aos autores que existia uma necessidade de publicações modernas, mas práticas, sobre o tema. Embora nenhum artigo possa conter todos os factos e discutir todas as perspectivas que possam ser benéficas, bem como acreditamos que este livro contém a informação básica necessária para a melhoria bem sucedida dos solos subutilizados na Geórgia para o cultivo de leguminosas.

Na base dos nossos 20 anos de investigação, acreditamos que essas culturas endémicas de leguminosas da Geórgia e do Cáucaso têm um papel significativo a desempenhar no futuro das regiões do Cáucaso e do nosso país.

Leguminosas na Geórgia pelo ponto de vista da utilização de leguminosas divididas numa Leguminosas de estação fria e leguminosas de estação quente. A maioria delas, tendo importância para a agricultura da Geórgia descrita abaixo. Aproveitem ao máximo o seu crescimento no Inverno e na Primavera, quando as temperaturas e a pluviosidade são geralmente favoráveis. Leguminosas perenes, que normalmente não persistem mais de 2 ou 3 anos no uso intensivo [43].

As leguminosas anuais são mais comummente cultivadas na Geórgia Ocidental e na parte inferior da Geórgia Oriental. As leguminosas anuais têm a sua desvantagem de precisarem de ser restabelecidas todos os outonos. A fase de sementeira é o período de desenvolvimento mais perigoso quando as plantas estão sujeitas a danos causados por insectos, doenças e seca. Assim, a fiabilidade é aumentada através da utilização de leguminosas perenes sempre que possível. Alfalfa e trevo vermelho são as leguminosas perenes mais comummente cultivadas em associação com gramíneas perenes na rotação de culturas forrageiras. As leguminosas anuais são geralmente cultivadas com gramíneas anuais (um pequeno grão e/ou azevém anual) e podem ser plantadas numa cama de sementes preparada no Outono anual ou sobre sementeira em pés de galo (erva de pomar) durante a primeira década do Outono.

As características ambientais dos solos para o seu melhoramento por leguminosas há muito que são reconhecidas, mas frequentemente parecem ter sido esquecidas ou ignoradas nos últimos 20 anos em explorações agrícolas privadas individuais na Geórgia. Parte deste ambiente pode ser explicado pela interrupção dos ciclos de ervas daninhas, insectos, ou doenças. Outro benefício é a acumulação de matéria orgânica no solo superficial e a fixação biológica de azoto nos solos [36].

As leguminosas perenes também tendem a tornar o solo mais adequado para culturas subsequentes de outras formas. Estas incluem: uma melhor inclinação do solo devido à actividade de minhocas, insectos do solo e microrganismos; e o desenvolvimento de canais radiculares que as culturas subsequentes utilizam para penetrar mais profundamente no solo. Com o tempo, a capacidade de retenção de nutrientes do solo tende a aumentar e vários ciclos minerais funcionam para aumentar a disponibilidade de nutrientes na camada superficial do solo.

Em muitos casos, o cultivo de leguminosas endémicas pode ser mais rentável do que o cultivo de outras culturas arvenses, especialmente para o gado. Embora essas leguminosas sejam geralmente mais difíceis de gerir, especialmente a produção de sementes, as suas vantagens ultrapassam muitas vezes as suas desvantagens. Nem todos os hectares de rotação de culturas devem incluir leguminosas, mas vale a pena para um produtor considerar se a introdução de leguminosas seria benéfica e viável, especialmente quando essas culturas têm uma boa adaptação na região concreta da Geórgia durante muitos séculos e algumas delas são mesmo endémicas. Estas características são muito importantes com a ligação dos acontecimentos da última década sobre as alterações climáticas [42].

As exigências articuladas acima são globais, representando uma procura em todos os sistemas agrícolas. No entanto, prevê-se que a Geórgia e outros países do Cáucaso sejam os que mais contribuem para o crescimento populacional, e prevê-se que sejam especialmente vulneráveis às alterações climáticas. Notavelmente, os efeitos das alterações climáticas incluirão um abastecimento de água imprevisível e temperaturas elevadas nesses países, tornando mais importante a urgência da geração de cereais e leguminosas forrageiras adaptadas a temperaturas elevadas. É também nestas regiões que os rendimentos das culturas são significativamente superiores à média mundial, com uma significativa diferença de rendimentos, pelo que existe um grande potencial para aumentar a produtividade.

As leguminosas forrageiras endémicas e libertadas há muito tempo na Geórgia, embora secundárias em relação aos cereais em termos de produção e consumo, têm um papel importante tanto nos sistemas de produção de culturas sustentáveis como na nutrição animal. Elas formam uma componente importante da dieta da população em países em desenvolvimento como a Geórgia, bem como em estados transcaucasianos.

A experiência do nosso país prova que as leguminosas forrageiras endémicas na Geórgia têm um papel importante em toda a sua história de 30 séculos (menos recente de dois séculos). Foram não só uma fonte de alimentação, mas também um poderoso nível na reestruturação das terras aráveis da Geórgia e no aumento da fertilidade dos solos, especialmente os solos degradados. Os nossos antepassados conheciam bem o elevado valor nutritivo destas culturas e o seu efeito positivo na fertilidade do solo, o gado doméstico, que era utilizado como massa verde e feno, recentemente para o processamento em ensilagem, incluindo características medicinais.

De acordo com a estratégia de recursos genéticos de leguminosas forrageiras da Geórgia, este país está empenhado em recolher, avaliar, documentar e renovar a agro-biodiversidade e utilizá-la para o melhoramento genético dessas leguminosas. Esta diversidade ocorre sob 2 formas - parentes selvagens de espécies de leguminosas e raças de culturas seleccionadas pelos agricultores. As últimas são o resultado de milhares de anos de selecção avesso ao risco pelos próprios agricultores (*ex situ/on farmers* condition), mas os parentes selvagens são igualmente importantes, pois estão constantemente a adaptar-se a fim de sobreviverem às mudanças no clima, solo, níveis de poluição, exposição e outros aspectos do seu ambiente [1].

Não são apenas as espécies de leguminosas que são diversas. Grande parte da área terrestre da Geórgia foi outrora terra de cultivo e arbustos. Mesmo agora, existe uma vasta gama de espécies e ecótipos de leguminosas perenes que vivem lá fora, capazes de sobreviver a algumas das condições mais áridas (Geórgia Oriental) e húmidas (Geórgia Ocidental).

Pela Estratégia e resoluções da Academia de Ciências Agrárias e do Ministério da Agricultura da Geórgia acima mencionadas, desde 1991, a Universidade Agrária da Geórgia (AUG) tem vindo a realizar um mandato de trabalhos de reabilitação em escala com leguminosas, incluindo leguminosas forrageiras endémicas e estudos de recolha, conservação e melhoramento de germoplasma de leguminosas locais.

Em geral, a AUG tem estado envolvida na recolha e criação de leguminosas alimentares e forrageiras há mais de 90 anos em muitas direcções. Os sistemas nacionais de investigação agrícola da Geórgia permitiram aumentar a produção de leguminosas alimentares tanto verticalmente (através de inputs elevados, incluindo irrigação) como horizontalmente (aumentando a área de terra). Contudo, recentemente, o programa estratégico nacional, os cientistas e os administradores da investigação no nosso país aperceberam-se da necessidade de diversificação num sistema de cultivo sustentável baseado em leguminosas e de 6-8 rotações de culturas de campo [2].

Durante os últimos 20 anos, um grupo de cientistas e estudantes de pós-graduação da AUG tem vindo a realizar trabalhos de reabilitação em larga escala de leguminosas endémicas e solos subutilizados. Estes trabalhos são implementados particularmente através do apoio financeiro de instituições internacionais como GTZ, ACDI-VOCA, ICARDA, WB, etc. Como resultado desta actividade, os cientistas recolheram 690 amostras de leguminosas alimentares e de rações, como se segue: Soja - 68; Faba Been 24; Chickpea- 44; Lentil- 36; Pisum- 7, Haricot feijão 83; assim como Trifolium- 89, Astragalus- 22; Medicago- 88; Sainfoin - 46; Melilotus-19; Lupinus-16; Galega- 19; Vicia- 112; Lathyrus- 17; Para o registo deste material foi utilizado um programa especial de computador, gentilmente fornecido pelo ICARDA. Todo o germoplasma acima mencionado entre os georgianos, recentemente (a partir de 2009) com sede em Svalbard (Spitsbergen), abóbada global de sementes.

Os melhores resultados do desenvolvimento das leguminosas forrageiras e da estratégia de reabilitação do solo foram obtidos durante os 20 anos mencionados (1997-2017). De todo este material, os cientistas georgianos desenvolveram também técnicas de conservação *in-situ*, estão em curso experiências simuladas de conservação *in-situ* na estação AUG em Tbilisi. Um grande número de linhas de alto rendimento foram desenvolvidas através de hibridação e selecção e libertadas para cultivo geral em rotações de culturas especiais com leguminosas quentes e frias da estação.

Existe uma grande necessidade na produção pecuária da Geórgia de leguminosas perenes persistentes, especialmente leguminosas perenes endémicas quentes que fornecem forragem de boa qualidade e fixam azoto biológico durante uma porção prolongada do ano. Duas das leguminosas perenes endémicas mais úteis na Geórgia são a Alfalfa (uma espécie de estação fria que cresce durante todo o Verão), e o trevo vermelho, bem como variedades melhoradas de Astragal e Sainfoin. Deixaram de satisfazer diferentes requisitos de adaptação e utilizações. Ambas as leguminosas são cultivadas numa idade relativamente pequena mas com um hectare crescente, uma vez que os produtores reconhecem as suas valiosas características. É improvável que a Geórgia atinja todo o seu potencial na produção animal sem uma grande expansão de hectares destas quatro valiosas leguminosas forrageiras perenes [32,33].

1.1. Alfalfa Blue *(Medicago dzhavakhetica E. Bordz)* Origem: Geórgia

Descrição: Perene. A alfafa é a cultura de leguminosas forrageiras mais importante para a Geórgia como para todo o mundo. Foi mencionada na Bíblia e em outros escritos antigos. De acordo com alguns cientistas, uma das espécies de Alfafa - Azul ou Alfafa Plantada é uma cultura endémica da Geórgia. É frequentemente chamada o "rei das forragens" na Geórgia. A alfafa é uma leguminosa que fixa e adiciona azoto biológico ao solo, por algumas fontes aproximadamente 120 kg de azoto biológico por 1 ha durante o ano de vegetação. É rica em proteínas e outros nutrientes e é produtiva em solos férteis. É também um dos mais antigos corpos forrageiros cultivados no país. A geração desta cultura forrageira endémica georgiana provém da região semi-seca da Geórgia, distrito de Akhaltsikhe, que é muito conhecida em todo o mundo [9].

Crescimento correcto com muitos caules folhosos provenientes de grandes coroas na superfície do solo. Cresce de 70 a 110 cm de altura. Folhas compostas com três folíolos. As flores das variedades cultivadas na Geórgia Oriental são normalmente algum tom de púrpura. Tolerante à seca, longa raiz axial, tolerante com solos salinos.

Adaptação primária: Geórgia Oriental com algumas variedades de alfafa adaptada libertadas em zonas subapicais. Requer solos bem drenados. A alfafa plantada em terrenos com um subsolo muito ácido com grandes quantidades de alumínio tóxico terá um desenvolvimento radicular pouco profundo e um rendimento mais baixo.

Utilizações principais: feno e transporte, rações de refeição, mas tem potencial para uma maior utilização de pastagens em mistura com gramíneas perenes. O feno de boa alfafa tem alto valor nutritivo e é muito procurado, particularmente para cavalos e gado leiteiro. Recentemente algumas plantas estão a fabricar sumo de luzerna para utilização no gado, bem como pó de luzerna feito por tecnologia de secagem rápida.

Estabelecimento: Taxa de sementeira de 16 a 18 kg/ha, deve ser utilizado o embalador-semeador de culto é o melhor equipamento de plantação para camas de sementes preparadas. A cama de sementes é de importância crítica. Para a sementeira de relva, é necessário um simulacro de plantio direto. No leste da Geórgia, Agosto-Setembro é a melhor altura para a plantação. A plantação de Outono em terras preparadas deve ser feita em Agosto a princípios de Setembro. A sementeira de primavera de Inverno pode ser feita de Fevereiro a Abril.

Fertilização: A alfafa é sensível à acidez do solo, pelo que os melhores valores de pH 6,5 ou superiores são necessários para rendimentos elevados. Quando os subsolos são muito ácidos e ricos em alumínio, pode ser possível compensar a síndrome do subsolo tóxico e promover um desenvolvimento radicular mais profundo através da incorporação profunda de calcário ou da aplicação de gesso a uma taxa de cerca de

1016 ton/ha. Potássio, fósforo, enxofre e boro são os nutrientes que normalmente precisam de ser aplicados para se obter uma boa produção de alfafa. A alfafa requer grandes quantidades de potássio. Os testes anuais do solo são críticos na monitorização dos níveis de nutrientes do solo para esta cultura. A fertilização com azoto não é necessária, uma vez que a alfafa fixa grandes quantidades de azoto biológico se devidamente modulada pelo Rhizobium.

Produção Sazonal: Março-Novembro, Abril-Outubro em zonas altas (acima dos 1200 m. s.l.). Esta alfafa tem a mais longa estação produtiva de qualquer leguminosa forrageira georgiana adaptada e fixada no solo cerca de 320 kg de azoto biológico por 3 anos por N^{15} .

Gestão: Uma produção bem sucedida de alfafa requer um nível de gestão mais elevado do que outras culturas de alfafa e leguminosas forrageiras. Para a produção de feno, podem ser feitas 4 a 6 estacas por ano, dependendo da localização, exposição e irrigação. No extremo leste da Geórgia, pode mesmo ser possível obter 7 colheitas em alguns anos (no segundo e terceiro anos de vegetação). A colheita na fase inicial de floração é o melhor compromisso para a obtenção de forragens e rendimentos de nutrientes aceitáveis com boa persistência do povoamento.

Alguns cientistas agrícolas chamam a esta alfafa de "lavoura-ameliorador de solos" pela sua possibilidade de melhorar os solos subutilizados. Nas zonas baixas da Geórgia Ocidental, a vida é frequentemente de 3 a 5 anos, mas a alfafa pode persistir por até 8 anos se for adequadamente fertilizada, irrigada e cortada na fase adequada de crescimento. Nessas zonas, a luzerna pode permanecer produtiva em solos arenosos durante apenas 3 ou 4 anos. Se uma alfafa do tipo feno for utilizada para pastagem, deve ser cortada transversalmente e armazenada rotativamente durante 5 a 7 dias, seguido de um período de recuperação de 20 a 30 dias. Esta alfafa endémica tem variedades tolerantes à pastagem, que podem ser continuamente estocadas, mas a produção será maior se for praticada alguma rotação.

1.2. Alfalfa Cáucaso *(Medicago Glutinosa M.B.)*

Origem: Sul do Cáucaso, Geórgia

Descrição: Perene. Esta alfafa é uma importante cultura de base em vastas porções das zonas semi-áridas e irrigadas da Geórgia para grande parte das regiões orientais, e em todo o país central. Tem uma ampla distribuição que abrange diversas condições ambientais, resistência documentada a uma variedade de pressões bióticas e abióticas, e cerca de 4 espécies de parentes *ex-situ* dentro do género. A Alfalfa Cáucaso poderia beneficiar grandemente da informação molecular para ajudar a melhorar os rendimentos e as características agronómicas. Aqui fornecemos uma perspectiva sobre a história, filogenia, e domesticação da Alfalfa Cáucaso [9].

A Alfalfa Cáucaso cresce numa vasta gama de condições edáficas e climáticas, tornando-a bem adequada para ter sucesso numa variedade de sistemas agrícolas em todas as regiões e municípios da Geórgia. Além disso, a produtividade e o rendimento podem ser significativamente melhorados quando as estratégias de reprodução utilizam material genético nas populações selvagens e terrestres existentes no mundo.

Personagens como o hábito, estrutura da folha, pelagem, tamanho da vagem, caracteres selvagens de resistência à seca e outras características, os criadores georgianos agruparam o género *Sativa* em 4 secções. As espécies nas duas primeiras têm hábito de crescimento erecto. A maioria das espécies foram ainda subdivididas em variedades botânicas. A avaliação da diversidade utilizando marcadores de proteínas de sementes reafirmou os agrupamentos baseados na morfologia. Estudos recentes utilizando dados de sequência do espaçador interno transcrito (ITS) da ribossomal nuclear, foram realizados para compreender a história evolutiva e as relações filogenéticas desta especiaria Alfalfa. O estudo resolveu as relações filogenéticas desta Alfalfa e géneros afins na Alfalfa Sativa. A futura revisão taxonómica e a delimitação genérica da Alfalfa Cáucaso é justificada.

Adaptação primária: A Geórgia Oriental com algumas variedades adaptadas em zonas subapicais cerca de 1200 m. requer solos bem drenados, razão pela qual não é cultivada na Geórgia Ocidental. Alfalfa Cáucaso plantada em terras com um subsolo muito ácido com grandes quantidades de alumínio tóxico terá um desenvolvimento radicular pouco profundo e menor rendimento ou reduzirá o número de cortes.

Utilizações principais: Alfalfa Cáucaso é um bom recurso de pastagem em pastagens com gramíneas perenes, feno e plantas de produção de feno, mas tem potencial para expansão da utilização de pastagens em rotação de forragem. A massa verde da Alfalfa do Cáucaso tem um bom valor nutritivo e é muito procurada, particularmente para gado leiteiro, cavalos e ovelhas, bem como para a produção de farinha de feno para suínos. Nas zonas montanhosas de produção leiteira, a Alfalfa Cáucaso é tradicionalmente utilizada para a alimentação do gado bovino. Recentemente alguns agricultores adquiriram equipamento para a produção e conservação de sumo de alfafa.

Estabelecimento: A taxa de sementeira da Alfalfa Cáucaso em rotação de culturas durante 3 anos é de 14-16 kg/ha, quando as sementes são inoculadas, os melhores resultados poderiam ser obtidos no caso de 12 kg/ha. Uma vez que esta alfafa não é elevada em pé de erva, poderia ser utilizada em pastagens melhoradas como cultura adicional, atingida pela albumina. A sementeira de Inverno ou de Verão também pode ser feita sem tecnologia de lavoura, assim que o solo estiver pronto para a plantação. A melhor época para a colheita de sementes é o segundo e terceiro anos de cultivo da alfafa [8].

Fertilização: A Alfalfa Cáucaso não é sensível à acidez do solo, pelo que os valores de pH 5,5 a 7,5 ou mesmo superiores são aceitáveis para rendimentos elevados. Na lei onde as zonas do subsolo da Geórgia são muito ácidas e elevadas em alumínio, pode ser possível compensar a síndrome do subsolo tóxico e promover um desenvolvimento radicular mais profundo através da incorporação profunda de calcário ou da aplicação de gesso a uma taxa de cerca de 10-12 ton/ha. Potássio, fósforo, enxofre e boro são os nutrientes que normalmente precisam de ser aplicados para se obter uma boa produção de alfafa. A alfafa requer grandes quantidades de potássio. Os testes anuais do solo são críticos na monitorização dos níveis de nutrientes do solo para esta crua. A fertilização com azoto não é necessária, uma vez que a alfafa fixa grandes quantidades de azoto biológico se devidamente modulada pelo Rhizobium.

Produção Sazonal: Abril-Setembro, Maio-Agosto em zonas altas. A Alfalfa Cáucaso tem a estação produtiva mais longa de qualquer leguminosa georgiana adaptada e fixa cerca de 82 kg de azoto biológico por ano, pesquisada por N^{15}. *Gestão:* A Alfalfa do Cáucaso é o único membro cultivado do género, enquanto as restantes espécies (todos os parentes selvagens) pertencem aos níveis secundários ou terciários com base nos conceitos do património genético, que se baseia na capacidade genética de cruzamento e troca de material genético de germoplasma entre a cultura e os parentes selvagens. Assim, para a obtenção de rendimentos estáveis durante toda a época de cultivo, são necessários solos húmidos (não menos de 60% LFH) em Junho-Agosto.

1.3. Trevo Vermelho *(Trifolium pretse)*

Origem: Sudeste da Europa, Turquia e região do Sul do Cáucaso, Geórgia

Descrição: Perene. O trevo vermelho é uma das culturas forrageiras mais importantes do mundo. Pertence à Família das Ervilhas - Fabaceae. Considerada opinião que o trevo vermelho é originário da Dinamarca, mas esta cultura inclui cerca de 300 espécies em todo o mundo, no entanto apenas cerca de 27 têm importância agrícola para a agricultura da Geórgia. O trevo vermelho pode ser diferenciado de outros trevos por exemplo pelas suas folhas, e os seus folhetos têm uma mancha branca no meio e são mais curtos e largos do que o trevo branco alongado, com menos manchas nas folhas [7].

Os trevos de importância económica na Geórgia incluem principalmente o trevo vermelho e particularmente o trevo branco para o rearranjo de pastagens culturais. O trevo vermelho é o segundo maior grupo de leguminosas depois da alfafa cultivada na Geórgia. É uma cultura com a capacidade de adicionar nitrogénio ao solo com uma quantidade de 90 kg/ha por ano. O trevo vermelho tem a desvantagem de produzir menos do que a alfafa em condições de cultivo semelhantes. É popular como feno, pastagem e silagem e cresce bem em combinação com muitas gramíneas forrageiras. O trevo vermelho é mais frequentemente utilizado em áreas quentes, húmidas, atingidas pela seca, ou ambas, onde a sua capacidade de sobreviver e produzir uma cultura é insuperável. O trevo vermelho é também uma excelente fonte de néctar, que as abelhas transformam em mel.

Adaptação primária: Curtas vidas perenes, geralmente 3 anos na Geórgia Oriental, mas pode sobreviver apenas como um ano. Plantas de folhas de 60 a 90 cm de altura, de crescimento correcto. As folhas são peludas e marcadas com um "V" branco. As flores são agrupadas em grandes cabeças de violetas rosadas. O melhor para as zonas de Black see da Geórgia Oriental, mas com uma boa gestão irá perene nas zonas pré-montanhosas, cresce como uma erva leguminosa anual de Inverno. Bastante tolerante à seca. Tolera mais acidez do solo (menos que pH 5,5) e uma drenagem do solo mais pobre que a alfafa. Ligeiramente menos tolerante a condições extremamente húmidas do que o trevo branco. Devido a uma longa estação de crescimento, o trevo vermelho é o trevo de melhor rendimento em áreas onde bem adaptado. Bem adaptado para feno, silagem, e pastagem.

Utilizações principais: Principais culturas forrageiras na Geórgia Ocidental, utilização como feno em rotações de culturas, particularmente como pastagens. Nutricionalmente falando, o trevo vermelho é maravilhoso para o gado, mas também se adapta a pessoas de mente aberta. As plantas jovens que ainda não floriram podem ser adicionadas a saladas, sopas e guisados, embora devam ser usadas com parcimónia, pois o seu sabor forte pode ser um sabor adquirido.

Estabelecimento: As sementes são plantadas em terrenos preparados a 15 a 30 cm em linhas de perfuração ou 7 a 15 cm transmitidos durante Abril-Maio em zonas baixas da Geórgia Ocidental. As pastagens de erva estabelecidas devem ser semeadas em Fevereiro-Março, com germinação em Abril e utilização a partir de Julho. As últimas espécies cultivadas tetraplóides têm 4 conjuntos de cromossomas e não precisam de ser polinizadas transversalmente nos trevos normalmente o fazem. A produção de sementes de trevo vermelho era anteriormente problemática no nosso país, mas actualmente um par de quintas está a fazer bons negócios na produção de sementes.

Fertilização: Se o pH do solo for inferior a 5,5, a cal deve ser aplicada (10-12 t/ha). Responsável pelo fósforo e potássio com inoculação/tratamento de sementes por bactérias *Rhizobium* (Nova tecnologia patenteada mostrada nos capítulos seguintes).

Produção Sazonal: Abril-Outubro em zonas baixas, e Março-Junho em zonas negras ver. O feno deve ser cortado na fase de floração precoce (10%). O trevo vermelho proporcionará 3 vezes mais pastagem do que o trevo branco durante o Verão. Ao contrário do trevo branco, o trevo vermelho não tolerará o pastoreio fechado contínuo durante longos períodos de tempo.

O trevo vermelho cresce frequentemente em rotações de culturas em terras meliadas de fazendas muito húmidas da Geórgia Ocidental com uma colheita média de 180 t de massa verde por hectare. Também cresce selvagem em terrenos rochosos e em margens, bem como em terrenos de feno de alta produtividade em zonas pré montanhosas. As formas silvestres têm entre si longas variedades cultivadas, e estas podem frequentemente ser identificadas pelos seus caules suaves, ocos, de grande tamanho, e flores grandes e por vezes mais pálidas.

1.4. Montanha do Trevo *(Trifolium montanum L)*

Origem: Sudeste da Europa, Turquia e região do Sul do Cáucaso, Geórgia.

Descrição. Perene. Trevo de montanha ou trevo de árvore são o primeiro nome comum dos trevos. Para estas plantas o género *Trifolium* (latim, *três* "três" + *folium* "folha"), constituído por cerca de 80 espécies de plantas da família das leguminosas em prados e pastagens nas montanhas do Cáucaso da Geórgia. O género tem uma distribuição cosmopolita, a maior diversidade encontra-se na parte georgiana temperada de Grate e Pequeno Cáucaso, mas muitas espécies também ocorrem em campos do Cáucaso e em prados da Geórgia, incluindo em altitudes elevadas nas montanhas da exposição de Grate e Pequeno Cáucaso Sul. Este trevo pode ser sempre verde no solo e condições climáticas da Geórgia nas montanhas semi-altas (1000 m. s.l.).

Já foi mencionado que os trevos incluem cerca de 300 espécies, contudo apenas cerca de 40 têm importância agrícola para a agricultura de montanha georgiana. Os trevos de montanha de importância económica na Geórgia incluem principalmente outras espécies de trevos, mas o trevo de montanha tem a sua forte área própria de cultivo. Embora este trevo seja o próximo maior grupo de leguminosas forrageiras cultivadas na Geórgia depois da alfafa e do trevo vermelho. Ao mesmo tempo, o trevo de montanha tem uma grande área de omnipresença. É uma cultura com capacidade para fixar e adicionar cerca de 100 kg/ha de azoto biológico ao solo se se fizer tratamento de sementes por bactérias *rizóbias*. Este trevo tem a desvantagem de produzir menos do que a alfafa em condições de cultivo e irrigação semelhantes. É muito popular para a alimentação de rábanos e ovelhas como feno, pasto e ensilagem e cresce bem em combinação com muitas gramíneas forrageiras. O trevo de montanha é mais frequentemente utilizado em áreas quentes, húmidas, afectadas pela seca, ou ambas, onde a sua capacidade de sobreviver e produzir uma cultura é insuperável. O trevo de montanha é também uma excelente fonte de néctar, que as abelhas transformam em mel [6].

Este trevo é perene de curta duração, geralmente 3 anos na Geórgia Oriental, mas pode sobreviver apenas como um ano. Plantas de folhas de 40 a 60 cm de altura, de crescimento correcto. As folhas são peludas e marcadas com um "V" branco. As flores são agrupadas em grandes cabeças de violetas rosadas.

Adaptação primária: Melhor para as zonas de Black see da Geórgia Ocidental (região de Kolkhida), mas com uma boa gestão irá perenizar em zonas pré-montanhosas húmidas, cresce como uma erva leguminosa anual de Inverno. Praticamente não é tolerante à seca mas tolerante a solos salgados, tolera mais acidez do solo (pH 6,0) e uma drenagem do solo mais pobre do que a alfafa. Ligeiramente menos tolerante a condições extremamente húmidas do que o trevo branco. Devido a uma longa estação de crescimento, o trevo vermelho é o trevo de melhor rendimento em áreas onde bem adaptado. Bem adaptado para feno, ensilagem, alimentação de refeições e pastagem.

Utilizações principais: Como a fruta é Indehiscent pod, permanece dentro do cálice, fornece uma colheita média, cerca de 120 t/ha de massa verde por ano. As flores jovens fazem um bom chá quando são misturadas com outras ervas, ou pode ser apreciado sozinho, embora seja bastante suave. Tem uma boa reputação como erva medicinal, sendo usada para soltar muco, prevenir febres, e como diurético e anti-séptico. Para feno, pastagem, pastagem tardia e ensilagem, bem como como adubo verde e cultura de cobertura em rotações de culturas intensivas também. *Estabelecimento*: As sementes são plantadas em terrenos preparados a 0,5 a 2,0 cm em linhas de perfuração ou 7 a 15 cm transmitidos durante Abril-Maio em zonas baixas da Geórgia Ocidental. As pastagens de erva estabelecidas devem ser semeadas em Fevereiro-Março com germinação em Abril e utilizadas a partir de Julho-Agosto. Para as sementes devem ser colhidas a partir da primeira colheita do segundo ano de erva em pé.

Fertilizante: Se o pH do solo for inferior a 5,5, a cal deve ser aplicada (10-12 t/ha). Responde ao fósforo e potássio com inoculação/tratamento de sementes por bactérias *Rhizobium*.

Produção Sazonal: Abril-Outubro em zonas baixas, e Março-Setembro em zonas de Black see.

Gestão: O feno deve ser cortado na fase de floração precoce (10%). O trevo de montanha proporcionará 3 vezes mais pastagem do que o trevo branco durante o Verão. Ao contrário do trevo branco, este trevo não tolerará o pastoreio fechado contínuo durante longos períodos de tempo. A fixação média de azoto biológico por ano é de 63 kg/ha em média por N[15] .

Gestão: De acordo com dados de "Saqstat", as áreas de cultivo do trevo de montanha continuam a aumentar na Geórgia nos últimos 12 anos. Mais de 4.000 ha sob este trevo cobriram áreas de pré-montanhas da Geórgia Ocidental, e as principais leguminosas nas culturas de pastagens mistas para municípios de Senaki, Khobi, Lanchkhuti e Abasha. As sementes de produção georgiana são parcialmente exportadas no âmbito de programas de ajuda à forragem para os países vizinhos.

1.5. Astragalus (*Astragalus Caucasicus Pall, Iberica*)

Origem: Sul do Cáucaso, Geórgia

Descrição: Perene. Esta leguminosa representa apenas 10-15% das terras cultiváveis de semidratos do centro da Geórgia do Sul e desempenha um papel crítico nos agro-ecossistemas e na produção de leite, particularmente no desenvolvimento da criação de animais numa zona montanhosa do Pequeno Cáucaso. No entanto, o investimento em todos os sectores e regiões na investigação e reprodução destas culturas de leguminosas tem ficado cada vez mais aquém do dos principais produtos cerealíferos de base: trigo e milho. O investimento em biologia comparativa e genómica translacional pode proporcionar uma solução para este problema, alavancando o progresso em espécies modelo em benefício da cultura Astragal menos estudada. Além disso, uma mudança por parte da comunidade científica vegetal para um quadro de investigação orientada para o problema será particularmente benéfica para as espécies menos estudadas de Astragal Caucasus e suas variedades, uma vez que são frequentemente as que possuem as melhores fontes de características benéficas, particularmente a tolerância às pressões ambientais [3,10].

Adaptação primária: Leste e Sudeste da Geórgia (distrito de Samtskhe-Javakheti) com algumas variedades adaptadas em zonas pré-subapicais. Este tipo de Astragal plantado em terras com um subsolo muito ácido com grandes quantidades de contaminantes tóxicos terá um desenvolvimento radicular pouco profundo e um rendimento mais baixo. Assim, em muitos casos, a prática de cultivo é muito baixa.

Utilizações principais: feno e transporte, rações de refeição, mas tem potencial para uma maior utilização em pastagens. O feno bom de astragal tem alto valor nutritivo e é muito procurado, particularmente para cavalos de pedigree e gado leiteiro. Recentemente, algumas fábricas estão a fabricar sumo de astragal para utilização no gado, bem como pó de sumo, feito por tecnologia de secagem rápida para alimentação de cordeiros durante as estações de Inverno.

Estabelecimento: A área de cultivo depende e é tendenciosa em função da natureza das condições fenotípicas. Assim, nos últimos 20 anos, esta astragal financiou o desenvolvimento de colecções centrais baseadas na análise genética molecular de subconjuntos de germoplasma de todas as principais colecções em todo o mundo para

24 leguminosas e culturas clonais. Estes fornecerão pontos de entrada definitivos para os criadores de plantas interessados em qualquer característica, recursos poderosos para o mapeamento associativo de características agronómicas e um ponto de partida crítico para investimentos futuros. Estes avanços científicos deverão fornecer sucessivamente os instrumentos necessários para uma manipulação eficaz destes traços num programa de melhoramento vegetal.

As raças terrestres de Astragal e espécies selvagens estreitamente relacionadas possuem muitas fontes valiosas de melhoramento vegetal. Várias pressões ambientais e variações para melhorar os caracteres agronómicos importantes para uma maior resiliência, produtividade e rentabilidade de Astragal. Cerca de 40 adesões de germoplasma de Astragal foram recolhidas no Cáucaso por naturalistas e reprodutores georgianos e internacionais. Destes, quase metade são preservados em Svalbard (Spitsbergen), abóbada global de sementes, enviada da Geórgia em 2010.

Infelizmente, os criadores de plantas têm sido reticentes em fazer pleno uso destes recursos de Astragal. No entanto, onde foram alcançados sucessos, o impacto destas características inovadoras tem sido muitas vezes dramático. No entanto, a avaliação precisa e precisa dos recursos genéticos de Astragal é um precursor essencial para a manutenção e utilização eficiente da biodiversidade relacionada com as culturas [12, 14].

Fertilização: Astragal tem raízes muito fortes e profundas e fornece-se de nutrição e água, mas nas rotações de culturas ou em misturas de gramíneas necessita de fertilização com a norma P60K45.

Produção Sazonal: Astragal no seu habitat muito produtivo em Maio-Setembro e Junho-Agosto em zonas altas subapicais. Tem a curta estação produtiva de qualquer leguminosa perene georgiana e fixa cerca de 80 kg de azoto biológico por ano (utilização para si mesma de 60% de azoto fixo). Criadores da Geórgia, na esperança de construir uma mais eficaz do ponto de vista da produtividade, variedades da investigação aplicada Astragal e, assim, ligar as inovações genómicas no laboratório aos impactos na produtividade nos campos dos agricultores em todo o mundo em desenvolvimento. De acordo com os trabalhos de investigação do ano passado (2017), durante a sessão foram fixados cerca de 96 kg de azoto biológico adjudicados pelo método N .[15]

Gestão: Na montanha da Geórgia Oriental, pode até ser possível obter 2 colheitas tolas em alguns anos. A colheita na fase inicial de floração é o melhor compromisso para obter forragens e rendimentos de nutrientes aceitáveis, com boa persistência e energia do povoamento. Alguns cientistas chamam Astragal à cultura de montanha pela luta contra a erosão da água e do vento pela sua possibilidade de melhorar as terras subutilizadas e degradadas. Nas zonas de baixa montanha (até 800 m.s.l.) da Geórgia a vida no povoamento é frequentemente de 3-4 anos, mas Astragal pode persistir por até 10-12 anos se adequadamente fertilizado, irrigado e cortado na fase adequada de crescimento.

1.6. Sainfoin Kakhetian *(Onobrychis Iberica Grossh)* Origem: Kakheti (Geórgia Oriental) e região de Samtskhe-Javakheti (Geórgia do Sul)

Descrição: Perene. No Sul da Rússia, no início do século XVIII, Sainfoin foi libertado da Geórgia, foi chamado "Espartseti" (antigo nome georgiano desta planta), e muitos ensaios de cultivo foram feitos em terras secas, mas geralmente sem resultados suficientemente bem sucedidos. Relativamente pouco é cultivado no nordeste do Cáucaso, Austrália, França, Alemanha, e em vários países latinos. As sementes de Sainfoin foram importadas para a Argentina na década de 1850. Este foi o início de uma rápida e extensa introdução desta cultura sobre os Estados ocidentais dos EUA e introduziu a palavra "Espartseti" na língua inglesa. Desde que as Américas do Norte e do Sul produzem agora uma pequena parte da produção mundial, a palavra "Espartseti" tem vindo a entrar lentamente noutras línguas [17].

A massa vegetal de Sainfoin tem os níveis mais elevados de proteínas entre outras leguminosas. Além disso, na massa verde de Sainfoin o teor de alguns compostos anti-nutricionais, incluindo lectinas, inibidores de hidrolase, saponinas e antimetabolitos é muito inferior ao de outras leguminosas forrageiras. Embora as sementes de Sainfoin tenham sido consumidas como alimento durante séculos, especialmente nos países vizinhos da Geórgia Black See, Sainfoin é ainda uma semente de leguminosas subexplorada. Contudo, com vista a uma utilização mais extensiva da farinha de Sainfoin e das suas proteínas, como ingredientes alimentares no futuro, é agora necessário criar e optimizar métodos destinados a rastrear a sua presença em formulações alimentares humanas.

Esta cultura forrageira endémica georgiana da região semi-seca da Geórgia, distrito de Akhaltsikhe, muito conhecida em todo o mundo, mesmo nos países da América do Sul, especialmente na Argentina, onde a produção de gado se baseia nesta cultura.

Sainfoin é a cultura de leguminosas forrageiras mais importante para a Geórgia, tal como para todos os países do Cáucaso e da semidraria mediterrânica. Tolera um clima muito seco e as condições do solo dão a oportunidade de produzir rendimentos semi-produtivos de massa verde. De acordo com muitos cientistas, Sainfoin é uma cultura endémica georgiana e libertada da Geórgia para muitos países. É chamada de "alfafa da zona seca" na Geórgia. A massa verde e o feno são ricos em proteínas e outros nutrientes e são produtivos em solos férteis, onde outras leguminosas fornecem rendimentos muito baixos. É também um dos mais antigos corpos forrageiros cultivados na parte sul do país. Cresce correctamente com muitos caules folhosos provenientes de grandes coroas na superfície do solo e faz arbustos espessos e compactos. Cresce com 60-80 cm de altura. Folhas compostas com três folíolos. A principal característica é a tolerância à seca e ao sal [18].

Adaptação primária: vários discursos de Sainfoin estão bem adaptados nos municípios do Sul e do Leste da Geórgia, mas com algumas variedades adaptadas nas zonas pré-apicais do distrito de Javakheti (região de Akhalkalaki), têm um desenvolvimento radicular pouco profundo e muito forte em 50-90 sm. de profundidade.

Utilizações principais: feno e transporte, rações de refeição, mas tem potencial para a expansão da utilização de pastagens com gramíneas perenes. Sainfoin hey produzido no início da fase de floração tem um valor nutritivo muito elevado e é muito procurado, particularmente para gado leiteiro e ovino durante o Inverno.

Estabelecimento: Cem peso de sementes (HSW) para Sainfoin muito elevado, porque as sementes grandes, portanto, a taxa de sementeira de 120-140 kg/ha, deve ser usada o embalador-semeador de culto é o melhor equipamento de plantação para camas de sementes preparadas. A cama de sementes é extremamente importante para Sainfoin, porque as sementes são cobertas por casca fina e antes da plantação precisa de ser inoculada. Para a sementeira de relva, é necessário um simulacro de plantio direto. Nas áreas libertadas da Geórgia no final de Agosto é a melhor altura para plantar. A plantação de Outono em terrenos preparados com irrigação deve ser feita no início de Setembro, a sementeira de Primavera pode ser feita em Março em zonas baixas e em Abril em zonas pré-montanhosas.

Fertilização: Sainfoin é sensível aos valores de pH do solo, pelo que são necessários pH 7,0 ou menos para a formação de altos rendimentos. Quando os subsolos são muito ácidos e ricos em alumínio, pode ser possível compensar a síndrome do subsolo tóxico e promover um desenvolvimento radicular mais profundo através da incorporação profunda de calcário Ca(OH)2 ou da aplicação de gesso a uma taxa de cerca de 10-12 ton/ha. Potássio, fósforo e enxofre são os nutrientes que normalmente precisam de ser aplicados para se obter uma boa produtividade forrageira. O tratamento das sementes antes da plantação pelo Rhizobium deu bons resultados, especialmente em terras de irrigação [16, 18].

Produção Sazonal: Maio a Setembro nas zonas habituais de cultivo. Sainfoin tem a curta estação produtiva em altas montanhas, mas proporciona um bom rendimento de massa verde (80 t/ha) e 17 t/ha hey no caso de variedades adaptadas. Durante a sessão de vegetação fixar cerca de 70 kg de azoto biológico calculado por N^{15}.

Gestão: Antes de escolher a variedade Sainfoin, é essencial conhecer as condições de solo pretendidas e a utilização final da plantação plantada, processando alvos. A utilização actual de Sainfoin é muito diferente, cada uma com requisitos de qualidade específicos para a preparação de forragens, é importante ter em conta a data de utilização e o tipo de gado. As variedades tolerantes à pastagem podem ser continuamente armazenadas, mas a produção será mais elevada se for praticada alguma rotação. Nos prados após a colheita da massa verde para a colheita, o período de pastoreio deve ser de apenas 2 meses. O seu bom comportamento agronómico e a sua tolerância relativa ao pastoreio, Sainfoin é considerado como uma leguminosa de perspectiva para áreas secas em condições de mudança climática global e é pelo menos tão boa como as leguminosas para a indústria da alimentação do gado.

Estabelecimento Os objectivos de criação de plantas de Sainfoin ainda se encontram nas colecções globais de germoplasma largamente inexploradas como o cofre global de sementes de Svalbard (Shpitsbergen). Esta é uma visão geral das fundações actuais e das expectativas futuras para utilizar a genómica comparativa e translacional de Sainfoin para resolver os problemas. No entanto, o seu desempenho agronómico é demasiado limitado para permitir um desenvolvimento significativo. A fim de distinguir novos Sainfoin no mercado da cadeia integrada da UE [29].

Massa Verde Valor Energético das Leguminosas Perenes Endémicas da Geórgia análises de laboratório realizadas durante todos os anos em experiências de campo em parcelas piloto de rotação de culturas, bem como em prados naturais - campos de feno e pastagens (quadro abaixo). O envolvimento mais intensivo das leguminosas endémicas acima mencionadas na agricultura moderna da Geórgia irá aumentar a oferta de forragem animal e a produtividade do gado [21].

Quadro 1

Massa Verde Valor Energético das Leguminosas Perenes Endémicas da Geórgia

| # | Planta | Massa seca g/kg | Matéria digerível em fila, g/kg | | | | | | | | Proteína bruta digerível, g/kg | DRP em forragem natural |
			Proteína	Gordura	Fibra	NNE Matéria	Cinzas	Lysine	Methio nove	Cyste ine		
1	Medicago dzhavakhetica E. Bordz	189	192	26	305	380	97	10,0	2,9	2,5	121	71
2	Medicago Glutinosa M.B.	190	220	34	281	359	106	11,4	3,3	2,9	147	74
3	Trifolium montanum L	206	143	26	296	452	83	7,2	2,3	1,4	67	54
4	Fingimento do trifólio	173	220	40	200	430	110	7,5	2,7	1,6	71	58
5	Astragalus Caucasicus Pall,	150	205	42	210	428	115	12,9	3,1	2,8	114	42

	Iberica											
6	Onobriches kachetica Boiss et Buhse	145	190	27	295	398	90	11,2	3,7	2,5	139	59

As leguminosas forrageiras endémicas perenes, que normalmente não persistem mais de 3 ou 4 anos no uso intensivo, são mais comumente cultivadas em toda a Geórgia, em áreas naturais ou em rotação de culturas na Geórgia Ocidental (2 espécies de Trevo e Astragal) e na parte inferior da Geórgia Oriental (2 espécies de Alfalfa e Sainfoin). Têm a desvantagem de precisarem de ser restabelecidas todos os outonos. A fase de sementeira é o período de desenvolvimento mais perigoso quando as plantas estão sujeitas a danos causados por insectos, doenças e secas ou inundações, bem como durante o pastoreio. Assim, a fiabilidade é aumentada através da utilização de leguminosas perenes sempre que possível. Sainfoin e Alfalfa são as leguminosas perenes mais comummente cultivadas em associação com gramíneas de leguminosas perenes em rotação de culturas forrageiras para melhoramento da qualidade da alimentação e da estrutura dos solos através de raízes fortes e fixação biológica de azoto. As leguminosas perenes endémicas da Geórgia são geralmente cultivadas com gramíneas de cereais em rotação de culturas e podem ser plantadas numa cama de sementes preparada no Outono anual ou sobre sementeira em erva durante a primeira década do Outono. Resultados iniciais com ratos mostram que estas proteínas de leguminosas podem reduzir doenças e aumentar a produtividade tanto quanto as normas de proteínas da ONU, e os dados preliminares em gado sugerem que estas forragens podem ser tomadas com segurança e são de facto preferidas em relação às proteínas indexadas da ONU pelos participantes na indústria alimentar. A falta de fitoestrogénicos torna-as mais adequadas na criação de animais.

Capítulo 2. O papel renovável das leguminosas de grão para o aumento da fertilidade do solo na Geórgia

As leguminosas alimentares e forrageiras na Geórgia, embora secundárias em relação aos cereais em termos de produção e consumo, têm um papel importante tanto nos sistemas de produção de culturas sustentáveis como na nutrição humana e animal. Formam uma componente importante da dieta da população em países em desenvolvimento como a Geórgia, bem como na Transcaucasiana.

A experiência do nosso país prova que os cereais e as leguminosas forrageiras na Geórgia têm um papel importante para toda a sua história de 30 séculos (menos recente de dois séculos). Foram não só uma fonte de alimentação, mas também um poderoso nível na reestruturação das terras aráveis da Geórgia e no aumento da fertilidade dos solos, especialmente os solos degradados. Os nossos antepassados conheciam bem o elevado valor nutritivo destas culturas e o seu efeito positivo na fertilidade dos solos, homens e gado doméstico, que eram utilizados como massa verde e palha, incluindo características medicinais.

De acordo com a estratégia de recursos genéticos de leguminosas de grão e forrageiras da Geórgia, este país está empenhado em recolher, avaliar, documentar e renovar a biodiversidade e utilizá-la para o melhoramento genético dessas leguminosas. Esta diversidade ocorre sob 2 formas - parentes selvagens de espécies de leguminosas e raças de culturas seleccionadas pelos agricultores. As últimas são o resultado de milhares de anos de selecção avesso ao risco pelos próprios agricultores (*ex situ/on farmers* condition), mas os parentes selvagens são igualmente importantes, pois estão constantemente a adaptar-se para sobreviverem às mudanças de clima, solo, níveis de poluição, exposição e outros aspectos do seu ambiente.

Não são apenas as espécies de leguminosas que são diversas. Grande parte da área terrestre da Geórgia foi outrora terra de cultivo e arbustos. Mesmo agora, existe uma vasta gama de espécies e ecótipos de leguminosas anuais que vivem lá fora, capazes de sobreviver a algumas das condições mais áridas (Geórgia Oriental) e húmidas

(Geórgia Ocidental) [27].

Pela Estratégia e resoluções da Academia de Ciências Agrícolas e do Ministério da Agricultura da Geórgia acima mencionadas, a Universidade Agrária da Geórgia (AUG) tem vindo a realizar um mandato de trabalhos de reabilitação em escala com leguminosas, incluindo estudos de recolha, conservação e melhoramento de germoplasma de leguminosas locais.

O AUG dedica-se à recolha e criação de leguminosas forrageiras e alimentares há mais de 90 anos. Os sistemas nacionais de investigação agrícola da Geórgia permitiram aumentar a produção de leguminosas alimentares tanto verticalmente (através de inputs elevados, incluindo irrigação) como horizontalmente (aumentando a área de terra). Contudo, recentemente, o programa estratégico nacional, os cientistas e os administradores da investigação na Geórgia perceberam que é necessária a diversificação num sistema de cultivo sustentável baseado em leguminosas e em 6-8 rotações de culturas de campo [22].

Durante os últimos 20 anos, um grupo de cientistas e estudantes de pós-graduação da AUG tem vindo a realizar trabalhos de reabilitação em larga escala de leguminosas e solos subutilizados. Estes trabalhos são implementados principalmente através do apoio financeiro de instituições internacionais como GTZ, ACDI-VOCA, ICARDA, WB, etc. Como resultado desta actividade, os cientistas recolheram 690 amostras de leguminosas alimentares e de rações, como se segue: Soja - 68; Faba Been 24; Chickpea- 44; Lentil- 36; Pisum- 7, Haricot feijão 83; assim como Trifolium- 89, Astragalus- 22; Medicago- 88; Onobriches - 46; Melilotus-19; Lupinus- 16; Galega- 19; Vicia- 112; Lathyrus- 17; Para o registo deste material estamos a utilizar um programa especial de computador, gentilmente fornecido pelo ICARDA [29, 40].

Os melhores resultados do desenvolvimento das leguminosas e da estratégia de reabilitação do solo foram obtidos durante os últimos 20 anos (1997-2017). De todo este material, cientistas georgianos desenvolveram também técnicas de conservação *in-situ*, estão em curso experiências simuladas de conservação *in-situ* na estação AUG em Tbilisi. Um grande número de linhas de alto rendimento foram desenvolvidas através de hibridação e selecção e libertadas para cultivo geral em rotações de culturas especiais com leguminosas quentes e frias da estação.

As leguminosas de grão da estação quente desempenham um papel significativo para a agricultura da Geórgia Há uma grande necessidade na produção pecuária da Geórgia de leguminosas perenes persistentes, especialmente leguminosas perenes da estação quente que fornecem forragem de boa qualidade e fixam azoto biológico durante uma porção prolongada do ano. Duas das leguminosas forrageiras perenes mais úteis na Geórgia são a alfafa (uma espécie de estação fria que cresce durante todo o Verão), e o trevo vermelho e as suas variedades melhoradas, bem como as culturas forrageiras endémicas - Astragal e Sainfoin, abandonaram diferentes requisitos de adaptação e utilizações. Ambas as leguminosas são cultivadas numa área relativamente pequena mas crescente à medida que os produtores reconhecem as suas valiosas características. É improvável que a Geórgia atinja todo o seu potencial na produção animal sem uma grande expansão de hectares destas quatro valiosas leguminosas perenes. A partir da estação quente, as leguminosas de grão têm um papel mais significativo no feijão, feijão Haricot e soja [46].

Capítulo 3. Leguminosas libertadas e as suas energias renováveis e solo Estratégias de melhoramento

A grande riqueza em recursos genéticos é o resultado de processos evolutivos que têm lugar em diversas condições físicas e climáticas. A Região do Cáucaso do Sul engloba dois dos oito principais centros de origem vegetal de Vavilov. A grande variação altitudinal, as zonas de solo e clima na Geórgia, aliada à longa tradição de comércio ao longo da Rota da Seda, favoreceram a biodiversidade das culturas de leguminosas ricas em albumina, como substituto dos produtos de carne. A Geórgia é extraordinariamente rica em culturas de parentes silvestres, raças terrestres e diferentes variedades de plantas cultivadas, bem como variedades de solo (18). Os antepassados selvagens de muitas das culturas mundiais de leguminosas forrageiras (Alfalfa, trevo, Sainfoin, Astragal, Vicia, Lathyrus, etc.) ainda estão a crescer na natureza. Isto oferece uma rica reserva de recursos genéticos para utilização na agricultura no presente e no futuro. Entre essas culturas de leguminosas originárias da flora alpina e subalpica, encontram-se os parentes selvagens dos cereais alimentares (lentilhas, grão-de-bico, feijão faba, ervilha, recentemente, durante os últimos 2 séculos - soja e feijão), leguminosas forrageiras (Trigonela, Trifolium, Vicia, etc.). Muitas destas culturas são únicas para a conservação de prados naturais, importantes tanto por razões ecológicas como socioeconómicas. Do meio selvagem, estas espécies foram domesticadas e seleccionadas por populações locais que desenvolveram pacientemente milhares de variedades valiosas, altamente adaptadas a uma vasta gama de condições edafo-climáticas. A grande diversidade de raças animais domesticadas e de variedades vegetais agrícolas é também o resultado da diversidade humana e cultural notavelmente elevada que está presente em todo o país. Mais de 3200 espécies vegetais são registadas da região, das quais 18 são endémicas [23,26].

O cultivo de leguminosas de grão de bico, lentilhas e feijão faba diminuiu drasticamente na Geórgia durante os últimos 2 séculos, mas durante toda a história do estado georgiano do século 30, o principal alimento da população georgiana consistia em grão de bico, lentilhas e feijão faba, para animais - alfafa, trevos, sanfeno e astragal. Os camponeses georgianos conheciam bem o valor destas culturas e cultivavam-nas em conjunto com o trigo na rotação de 2 culturas (Imagem 1). Utilizavam essas culturas de cereais e forragens para alimentar a sua família e o seu gado. Deve ser dito aqui que a história da utilização de outras culturas, por exemplo milho e soja, conta apenas 280 e 160 anos, correspondentemente.

No início do século XIX eram cultivados cerca de 47 000 ha de leguminosas de grão, 82% dos quais na parte oriental da Geórgia, em rotação com o trigo de Inverno. Mais tarde, durante o tempo comunista, o cultivo de leguminosas mostrou uma diminuição contínua, até atingir 27000 ha, 98% dos quais eram apenas leguminosas de primavera e grãos de soja comuns.

Imagem 1. Grão de bico e trigo em rotação de 2 culturas

Existem múltiplas causas para esta diminuição do interesse no cultivo de leguminosas, mas a principal razão foi a livre importação de grãos russos, bem como rendimentos instáveis numa parcela de pequenos agricultores, falta de mecanização das principais práticas culturais (sementeira, monda e colheita), falta de interesse no consumo de alimentos tão simples na nossa sociedade e, particularmente no caso da soja, a diminuição do número de cavalos que foram os principais consumidores desta leguminosas no nosso país. Além disso, até meados dos anos 70, em todo o mundo e especialmente nos antigos SU, havia uma falta generalizada de interesse na investigação agronómica e genética das leguminosas que tinha um forte impacto negativo no cultivo destas culturas.

Surpreendentemente, enquanto a investigação agronómica abrandou a nível mundial, a procura de leguminosas no mercado georgiano aumentou, presumivelmente devido a um interesse renovado na dieta tradicional caucasiana e devido à utilização de leguminosas como fontes de proteínas, especialmente para as indústrias de alimentação animal e avícola.

Para responder à nova procura e reintroduzir com sucesso estas leguminosas de grão na Geórgia, em meados dos anos 90, tornou-se evidente a necessidade de desenvolver actividades de investigação destinadas a obter rendimentos elevados e estáveis e a tornar o cultivo de leguminosas economicamente competitivo em relação a outras culturas. As vantagens agronómicas no aumento do cultivo de leguminosas são múltiplas. Estas culturas desempenham um papel insubstituível como culturas de renovação devido à sua aptidão para condições menos favoráveis e são capazes de melhorar a fertilidade do solo, especialmente no Leste e Sul da Geórgia, que é caracterizada por um clima árido ou semi-árido e solos argilosos sem irrigação. As terras aráveis nestas zonas sofrem frequentemente rotações de apenas algumas culturas, principalmente de pão e trigo duro. De facto, entre 2001 e 2013, o trigo cobriu cerca de 30% do total das terras aráveis na Geórgia. Além disso, as leguminosas são capazes de fixar nitrogénio biológico. Isto é particularmente importante hoje em dia, quando o custo do azoto mineral produzido industrialmente tem aumentado, e a opinião pública é particularmente sensível às questões de poluição ambiental [3].

Com base em diferentes projectos apoiados pelo BM e GTZ, pelo Ministério da Agricultura e pelas Instituições Agrícolas Estrangeiras, tais como ACDI- VOCA, ICARDA, ECP/GR, IPGRI, SNFA, vários projectos de avaliação de germoplasma de leguminosas, concepção de técnicas de colheita mais eficientes e práticas agronómicas inovadoras foram levados a cabo [24,34].

Devido ao trabalho de criação realizado nos últimos 20 anos, foram acrescentadas novas variedades às poucas anteriormente registadas no Boletim Oficial Georgiano para a Protecção de Novas Variedades de Plantas (2 novas variedades de grão de bico, 2 novas variedades de lentilhas e 2 novas variedades de soja). Neste momento, a lista do Boletim Nacional de Variedades inclui 2 novas variedades de grão de bico, 4 novas variedades de grão de bico, 3 novas variedades de lentilhas, 12 variedades de soja [22].

Como resultado de tais estudos de germoplasma local e de introdução, 2 perspectivas de novas variedades de grão de bico, 2-2 de lentilhas e soja, 3 lupinus foram seleccionados e libertados em 3 condições de solo e de zona climática diferentes da Geórgia em 2016.

Um esforço bem sucedido de melhoramento do germoplasma através da "Estratégia Legumes" do programa europeu "Perspectivas Legumes" requer o desenvolvimento de uma infra-estrutura internacional de investigação com a participação de países europeus, incluindo a Geórgia. A oportunidade de interacção proporcionada pelos grupos de instituições do IPGRI será inestimável no desenvolvimento de um plano estratégico a longo prazo para a aplicação eficaz de técnicas clássicas e contemporâneas às necessidades de germoplasma dos produtores de cereais e leguminosas forrageiras [25].

A disponibilidade de dados apropriados sobre o germoplasma de cereais e leguminosas forrageiras da Geórgia é um factor crítico de sucesso na reprodução e factor de protecção da biodiversidade nos sectores agro-alimentares.

Responsabilidade global pela produção de tais alimentos e rações, pela preservação da qualidade dos ambientes naturais. A integração dos países europeus nos Grupos de Trabalho do IPGRI dá uma boa oportunidade aos cientistas e profissionais dos países em desenvolvimento que estão empenhados na recolha, sistematização, desenvolvimento e utilização de germoplasma moderno, o que poderia apoiar um trabalho de reprodução bem sucedido e a protecção da biodiversidade no desenvolvimento de uma agricultura sustentável.

Na protecção do solo agrícola e na melhoria do ambiente e da biodiversidade é uma prioridade importante para o Governo da Geórgia. Tal como estipulado no Conceito Nacional do Solo da Geórgia (NSCG), o principal documento político do país para a gestão do solo com culturas Leguminosas é um recurso especialmente valioso na Geórgia.

As leguminosas alimentares e forrageiras, nas rotações de culturas e nas misturas de raças selvagens, como fixadores biológicos de azoto nos solos ocupam cerca de 18 por cento do território e têm uma importância excepcional para conservar os solos de montanha e a diversidade biológica única do país e para assegurar a entrega contínua de benefícios e recursos directos e indirectos vitais à população rural, o que, por sua vez, contribui para a redução da pobreza e cria um ambiente favorável para o desenvolvimento sustentável do país.

O objectivo estratégico do Governo é estabelecer um sistema de gestão sustentável e utilização eficaz dos solos e recursos da vida selvagem subutilizados, protegendo simultaneamente a biodiversidade da flora e fauna de todos os ecossistemas através da criação de abordagens baseadas na paisagem e no ecossistema. Além disso, os riscos das alterações climáticas para o sector agrícola estão a tornar-se um problema importante, uma vez que a maioria da população rural da Geórgia depende directa ou indirectamente da agricultura para a sua subsistência e segurança alimentar.

O aumento da frequência dos riscos naturais, particularmente os desabamentos de terras e os fluxos de lama, torna a degradação da terra e a adaptação global às alterações climáticas na agricultura uma prioridade a nível nacional, com o apoio da FAO a concentrar-se no desenvolvimento de medidas relevantes de Agricultura Inteligente Climática (CSA) e de Redução do Risco de Catástrofes (DRR). A FAO pode apoiar o país no cumprimento da sua Contribuição Prevista Determinada a Nível Nacional (INDC) submetida à Convenção-Quadro das Nações Unidas sobre Alterações Climáticas (UNFCCC). As leguminosas têm de desempenhar um papel significativo na melhoria da fertilidade e estrutura do solo [23].

Para o controlo da fertilidade do solo uma das melhores formas é o teste periódico do solo seguido de calagem e fertilização de acordo com as recomendações de teste do solo, o que é criticamente importante para obter uma boa produção de leguminosas e manutenção para os solos. Método correcto da tecnologia de amostragem do solo mostrado na Figura 2. Na maioria das explorações agrícolas da Geórgia, nenhuma prática de gestão terá mais influência a longo prazo na prática de produção de leguminosas por hectare.

A maioria das terras que produzem cereais e forragens na Geórgia não é testada regularmente no solo. Além disso, a maior parte das terras que são testadas necessitam de calcário e/ou fertilizante organomineral, mas muitas culturas de campo e terras forrageiras não recebem qualquer fertilização anual. Sem dúvida, os testes do solo e a fertilização oferecem uma grande oportunidade para melhorar a produção de leguminosas na região.

As recomendações de teste do solo baseiam-se no pressuposto de que a forragem de leguminosas produzida será utilizada. Assim, é importante para um produtor ajustar as taxas de estocagem e a gestão do cultivo conforme necessário para assegurar que o grão ou a massa verde produzida seja utilizada, quer para cereais, pastagens ou feno. Isto é essencial para se obter o máximo benefício do dinheiro gasto em fertilizantes. A única forma de saber quanto fertilizante ou calcário é necessário para produzir rendimentos elevados de culturas de leguminosas é testar o solo. As gramíneas de leguminosas perenes devem ser testadas pelo menos uma vez a cada dois ou três anos. Os campos utilizados para a produção de feno, semeados no Inverno, ou lavrados e em vasos para culturas anuais de leguminosas devem ser testados todos os anos (no início da Primavera).

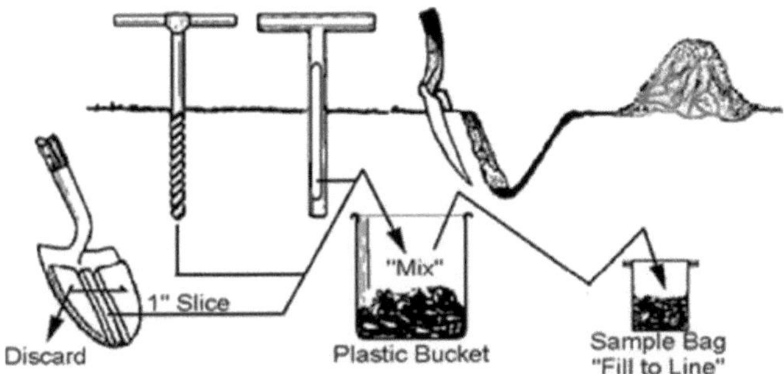

Fig. 2. Método de amostragem do solo da plantação de Leguminosas

O processo de amostragem é a principal fonte de erro nos testes do solo. Por conseguinte, deve ter-se o cuidado de o fazer correctamente. A primeira vez que uma área é amostrada, uma única amostra de solo não deve representar mais do que cerca de 5 hectares. Em amostragens posteriores, uma amostra pode representar áreas maiores, se toda a área for uniforme em relação ao tipo de solo e tiver sido tratada da mesma forma [44].

Para cada amostra, deve ser retirado e misturado um total de 15 a 20 subamostras, devendo a amostra a analisar ser retirada das subamostras combinadas. As subamostras devem ser colhidas até à profundidade do arado nos campos cultivados.

O nitrogénio é o elemento do solo que normalmente produz a resposta de crescimento mais dramática em grãos de leguminosas e gramíneas forrageiras. O nitrogénio é um componente da clorofila, que é crítico no processo de fotossíntese. Sem a fotossíntese, não haveria vida. A atmosfera da Terra é quase 80 por cento de azoto, e algum azoto é fornecido ao solo como resultado de tempestades eléctricas e de várias reacções atmosféricas. Além disso, o nitrogénio é libertado pela decomposição da matéria orgânica do solo, bem como dos resíduos vegetais e animais [45].

Como é conhecido, as leguminosas de grão e forrageiras têm a capacidade de usar N quer como amónio quer como nitrato. A forma de amónio do N é atraída e mantida por partículas do solo, mas pode ser convertida para a chamada "nitrificação". Nesta forma pode mover-se para baixo através do solo, fora do alcance das raízes das plantas. É desnecessário e indesejável aplicar nitrogénio às leguminosas forrageiras.

Por conseguinte, recomenda-se geralmente que não se aplique N às misturas de leguminosas gramíneas se as leguminosas compreenderem uma porção substancial (geralmente 30 por cento ou mais). Embora a leguminosa fixe azoto biológico suficiente para as suas próprias necessidades, fornece pouco N para a planta que cresce em associação com ela. No entanto, mesmo neste caso, há mais benefícios se as leguminosas forem recicladas em estrume e urina [15] em resultado do nitrogénio das forragens de leguminosas.

Há várias formas de perder o azoto aplicado aos prados. A mais comum é a lixiviação, que é meramente o ambiente de nitrogénio pela água a profundidades a que as raízes das plantas não podem chegar. A precipitação intensa pode causar perdas substanciais de lixiviação num curto período de tempo, particularmente em solos arenosos. Além disso, o azoto pode ser removido pela água que corre sobre a superfície do solo.

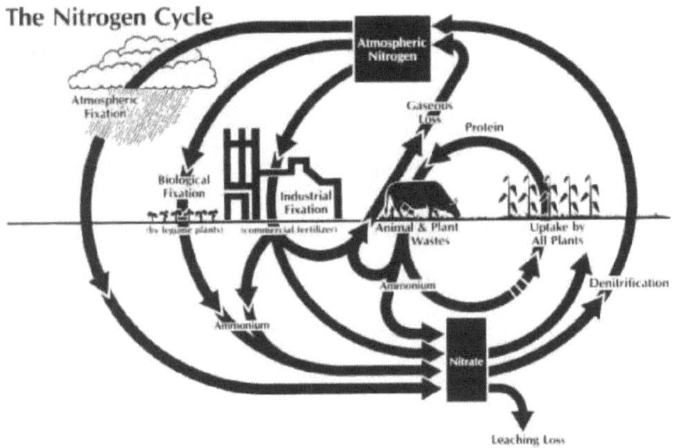

Fig. 3. Ciclo do azoto por leguminosas forrageiras na Geórgia

O outro tipo de perda de azoto é a volatilização (perdas gasosas). Isto é causado por uma reacção química que por vezes ocorre em fertilizantes aplicados à superfície ou urina de animais de pasto em que o azoto é libertado para a atmosfera sob forma gasosa. A fonte mais provável de volatilização dos fertilizantes azotados é a ureia, embora em muitas situações ocorram poucas ou nenhumas perdas mesmo com este produto (Figura 3).

Parte do azoto produzido pelas bactérias *Rhizobium* nas raízes das leguminosas torna-se eventualmente directamente disponível para as plantas próximas. Além disso, quando o gado pasta plantas leguminosas, grande parte do azoto é devolvido ao pasto sob a forma de estrume e urina. Uma vez que o azoto é mais susceptível de limitar o crescimento das plantas do que qualquer outro nutriente, e é uma das entradas mais caras na produção de forragem, a capacidade de fixar o azoto biológico é um atributo extremamente importante [11].

A capacidade das leguminosas para obterem azoto biológico do ar do solo é o resultado de uma relação simbiótica (mutuamente benéfica) de leguminosas e de um grupo de bactérias chamado *Rhizobium*. As bactérias infectam as raízes das leguminosas das quais obtêm alimentos, e as bactérias ajudam as plantas ao obterem azoto biológico do ar do solo e "fixando-o" de uma forma utilizável pelas plantas. O azoto biológico é acumulado em pequenos apêndices chamados "nódulos" que se formam nas raízes das leguminosas e funcionam por "leghemoglobina".

Na Geórgia, em campos experimentais, a quantidade total de azoto biológico fixado por hectare por ano varia muito em várias leguminosas. A fixação de nitrogénio é influenciada por muitos factores, incluindo temperatura, precipitação (métodos de irrigação), estrutura e fertilidade do solo, quantidade de espécies de pé e leguminosas. Na nossa investigação, os números habituais comunicados foram frequentemente 34 (controlo, sem tratamento de sementes) a mais de 132 kg para culturas anuais - soja, grão-de-bico e lentilha; 108 a 167 kg para o trevo vermelho; e 154 a mais de 232 para a alfafa. Para se ter a certeza de que ocorre a fixação de N, é essencial que um número adequado de bactérias *Rhizobium* vivas esteja presente nas raízes das leguminosas. A melhor maneira de o fazer é aplicar grandes números dessas bactérias, especialmente seleccionadas para cada uma das variedades de sementes de leguminosas no momento da plantação. As bactérias *Rhizobium,* que são específicas para certas leguminosas, são oferecidas para venda sob a forma de inoculante. A técnica de colocar o inoculante na semente chama-se "inoculação" ou pilling, que foi adaptada e patenteada pelo nosso grupo de cientistas em 2008.

Muitas vezes, a melhor estratégia para melhorar um solo degradado é simplesmente deixá-lo em paz durante vários anos. Uma melhoria significativa do solo pode muitas vezes ser conseguida estabelecendo uma cultura de leguminosas de cobertura permanente que inclui uma espécie profundamente enraizada, como uma cultura mista de cobertura de vidro-alfafa, que assegura uma fertilidade suficiente para começar a melhorar, e depois simplesmente observar a cultura de cobertura a crescer. Após alguns anos, a alfafa fornecerá material orgânico fresco ao longo do perfil, proporcionará um ambiente para o restabelecimento dos organismos do solo, e ajudará na reconstrução da estrutura do solo, ao mesmo tempo que protegerá o solo da erosão. Um dos maiores benefícios da utilização de leguminosas vivas de cobertura para remediação é que as raízes acabam por penetrar profundamente no solo e secá-lo a profundidades mais profundas. Isto promove a retracção e inchaço repetidos da massa do solo, o que ajuda na formação de espaço de poros e estrutura profunda no perfil [12].

Se não for possível estabelecer uma cobertura permanente durante um longo período de tempo, a adição de grandes quantidades de material orgânico pode muitas vezes ajudar a melhorar um solo, particularmente se a degradação não for demasiado profunda em servir. As adições repetidas de matéria orgânica proporcionam um fornecimento constante de alimentos e matérias-primas aos organismos do solo, permitindo às populações florescer e criar compostos necessários para promover a agregação do solo. É necessário muito mais material orgânico do que a maioria dos agricultores imagina para melhorar um solo desta forma, mas é um método eficaz se for praticado repetidamente [13].

Em áreas maiores como os campos de trigo ou milho, a produção de culturas sem plantação pode proporcionar uma forma de melhorar o solo. Em tais sistemas, as culturas são plantadas nos restos não perturbados da cultura do ano anterior, sem perturbação do solo pré-plantio. Os resíduos das culturas protegem o solo da erosão, e a falta de lavoura permite que os organismos do solo floresçam. O uso repetido da prática melhora a estrutura, o conteúdo de matéria orgânica e a capacidade de infiltração do solo de superfície após alguns anos, a melhoria avança lentamente para baixo através do perfil [14].

Os solos afectados pelo sal na Geórgia (vale de Alazani e Anjeli, sejam naturais ou degradados) requerem abordagens diferentes para a sua melhoria. Os sais em excesso devem ser removidos antes que outras práticas possam ser empregadas.

A dessalinização envolve frequentemente a instalação de melhoramentos de drenagem fechada em profundidade no perfil e a lavagem do solo com água doce. Os sais são removidos na água de drenagem da cauda. Se o solo for sódico, devem ser tomadas medidas adicionais para remover o excesso de sódio do controlo de contorno-erro (CEC) antes que a estrutura possa ser restaurada, geralmente incorporando grandes quantidades de um sal de cálcio, como o gesso, no solo antes de ser lavado. O cálcio é ligado de preferência ao sódio ao CEC [15], de modo que quando o gesso desloca o sódio do CEC e impede a sua sorção de leitura, forçando-o a lixiviar e a deixar o solo na água da cauda. A recuperação de solos salinos e particularmente sódicos pode ser extremamente cara e é geralmente recomendada apenas quando se pretende cultivar culturas de alto valor (terras subtópicas na Geórgia Ocidental) [20].

Capítulo 4. Pragas e Doenças das Leguminosas e seu Controlo

4.1. Pragas das culturas de leguminosas

Existem mais de 180 espécies de pragas espalhadas na Geórgia que prejudicam as leguminosas anuais e perenes - ervilhas, soja, feijão, alfafa, trevo, astragal, onobrich ou sanfeno e outras. Foi identificado na Geórgia que a principal praga prejudicial para as leguminosas de ervilha é o *Bruchus pisorum L;* para a soja - *Pyrameis cardui L*; para o feijão - *Acanthoscelides obtectus Say*; para a alfafa - *Phytonomus variabilis Hbst.* etc.

Sainfoin está ligeiramente danificado, no entanto, em áreas não irrigadas Continua a ser bastante sensível e facilmente danificado por *Bruchus pisorum L* e *Oxythyrea cinctella Schaum.* Este tipo de pragas está a destruir as plantas de tal forma que apenas resta o caule. As antigas culturas de sanfeno também são danificadas pela *Agapanthia violatsea F.*[4].

Muitas variedades de trevo são danificadas por diferentes pragas, embora seja dada mais atenção aos *Bruchus pisorums* e ao gado de pastagem de trevo, que danificam significativamente as culturas de pulso, resultando na perda de sementes de 20-26%. Existem também vários insectos fitófagos que estão a danificar as culturas de leguminosas, entre eles os mais importantes são as minhocas de arame: *Agriotes gurgistanus Fald. A. obscurus L., A. lineatus L., Fulswireworms: Pedinus femoralis L., Blasp halophila Fisch., gafanhotos: Locusta migratoria L., Dociastaurus moroccanus Th., Calliptamus italicus L., Anacridium aegyptum L.* [5].

Nas culturas de leguminosas existem diferentes tipos de pífis na Geórgia, nomeadamente: *Aphis medicaginis Koch, A. fabae Scop, Trifidaphis phaseoli Pass*, etc. Entre eles é dada mais atenção ao *Aphis medicaginis Koch*, que se caracteriza pela sua frequência e nocividade.

Alfalfa aphis são comuns em toda a Geórgia, tanto em áreas planas como montanhosas. Também os caules macios de alfafa que vão ser cortados pela segunda vez, resultando no rendimento de palha e na redução do número de sementes. O pulgão de alfafa sobrepõe-se à fase imago após a sua transferência para outras plantas. Já em Abril, podemos ver colónias de afídeos em alfafa, e em Maio-Junho - o seu enorme número, se houver humidade suficiente. Os afídeos propagam-se através de partenogénese ao longo da primavera e do verão, e no outono dá geração de gamogénese, cujo ovo fertilizado passa o inverno principalmente na acácia branca. Que as gerações excedem dez vezes por ano. Deve salientar-se que a seca, bem como os seus inimigos naturais, estão a impedir a propagação do aphis, por exemplo, na Geórgia Oriental, a propagação do aphids é dificultada pelos entomophags: *Coccinella 7-punctata L., Adonia variegata Goeze., Propylaea 14- punctata L., Bulaea lichatschovi Humm.* e assim por diante.

A Geórgia Ocidental é menos favorável à propagação de insectos vegetais da alfafa devido à humidade excessiva. Estima-se que 10-12 insectos forrageiros são apanhados em 50 vezes de movimento da grelha, o que tem sido considerado uma quantidade perigosa. Portanto, o insecto da alfafa, mais precisamente - complexo de insectos, deve ser considerado como uma praga significativa para as culturas forrageiras na região de Kartli.

Gorgulhos do feijão - *Acanthoscelides obtectus Say.* Esta praga causa danos significativos nos campos de feijões, bem como no armazenamento de feijões.

As pragas também migram para os campos de cereais. As larvas penetram nos grãos, comendo completamente o seu conteúdo. Várias larvas podem desenvolver-se num só grão/ semente. O período larvar dura 3-3,5 semanas. O cachorro também tem lugar em grãos/sementes. Hiberna na fase adulta em grãos arrepiados, que permanecem no campo após a colheita e em grãos armazenados. Podem ser desenvolvidas 4-6 gerações por ano, das quais em média 1,5-2,2 gerações são desenvolvidas no campo, outras em armazéns (em sacos). A praga chega ao armazém com grãos, onde se desenvolve até ao frio.

A sobre-internação do Gorgulho do Feijão ocorre nas fases de besouro ou larva, geralmente em armazéns. O sobre-inverno pode ser observado em resíduos vegetais. Os insectos alimentam-se com - alfafa, trevo, astragal, sanfeno, grão-de-bico, feijão-de-bico e muitos outros. Ovos que foram submetidos a sobre-internação nos caules eclodem no início de Maio. O desenvolvimento prossegue durante 3-4 semanas e os adultos começam a aparecer. Durante este período, comem partes de plantas e estão a danificá-las. A ingestão de sementes imaturas dentro da vagem causa uma redução do rendimento e da qualidade das sementes. Isto acontece principalmente em áreas não irrigadas durante a seca.

Os insectos Alfalfa estão a preparar ocos em caules de plantas hospedeiras para a postura dos ovos. Um ovo numa fila. São postos em pequenos grupos, e cerca de 10-30 ovos são depositados diariamente. O período de incubação dos ovos é superior a uma semana, dependendo das regiões. As ninfas passam por cinco instantes ou fases de desenvolvimento. Nas regiões de terras baixas, os insectos vegetais da Alfalfa podem produzir três ou quatro gerações numa só estação [4].

Há outras espécies de insectos em alfafa e sanfeno, cujo número na Geórgia é superior a 40, há uma grande propagação entre eles *Lygus pratensis L.* e *Piezodorus lituratus F,* que estão a danificar os campos de alfafa na Geórgia Oriental.

Na Alfalfa *chloridea dipsacea (traça)* está amplamente difundida na Geórgia e pode ser encontrada em quase todo o lado. Pragas Pupae sobrepõe-se no solo. A eclosão começa no final de Abril ou início de Maio. Os adultos alimentam-se adicionalmente, atingem a maturidade sexual e depois começam a pôr ovos nos caules em crescimento, nas superfícies das folhas e flores. Se houver condições adequadas para o desenvolvimento da traça alfafa, podem pôr mais de 600-700 ovos. O desenvolvimento embrionário dura 3-9 dias, dependendo da temperatura. Quando os adultos nascidos terminam o desenvolvimento durante 3 semanas, eles transferem-se numa fase de pupa numa camada superior do solo. A fase pupal dura 2 semanas. Em caso de seca numa fase de pupa, sofre de longas diapasões e o voo das borboletas é atrasado. Há alguns casos em que as borboletas que voam tarde são inférteis. A traça da alfafa é caracterizada com 2-3 gerações por ano.

Recentemente tornou-se muito activo o gorgulho de Alfalfa - *Phytonomus variabilis Hbst.* Este gorgulho cobre uma vasta área na Geórgia, especialmente nas regiões de planície. Pode ser encontrado em todo o lado, onde as culturas de alfafa são semeadas. Causa sérios danos às culturas forrageiras, resultando na redução do rendimento. Por exemplo, de acordo com um inquérito recentemente realizado, foi identificado que 100 kg de feno são perdidos por hectare devido aos efeitos nocivos do *Phytonomus variabilis Hbst.* Deve salientar-se que esta é a praga mais prejudicial para os campos de alfafa [26].

São necessários cerca de dois meses para o desenvolvimento normal do escaravelho e uma temperatura não superior a 25^0 C. Tal como nas altas temperaturas, a maturação não tem lugar. O sobre-inverno começa quando a temperatura diária é de 12^0 C. Na Rússia o gorgulho da alfafa dá apenas uma geração por ano (alguns endoparasitas estão a desempenhar um papel significativo para reduzir o número desta praga. Em alguns anos, atinge 30% na Geórgia).

4.2. Medidas de controlo de pragas

Durante 4-5 vezes durante a época de cultivo, o uso de variedades resistentes de Alfalfa, Trevo Vermelho e Sainfoin é uma das ferramentas mais eficazes para reduzir os danos causados pelos insectos. Lavrar o solo no início da Primavera. A lavoura profunda é frequentemente recomendada para que a alfafa melhore a profundidade de enraizamento e a infiltração da água; boa técnica de sementeira e especialmente a profundidade de sementeira adequada; o nivelamento do solo é muito importante. Também se recomenda a rotação de culturas de alfafa e o uso de pesticidas piretróides.

Recomenda-se a adopção de medidas agro-técnicas, tais como a operação de plantio em faixa na Primavera (no início da vegetação), que incluem também a selecção adequada do local, a gestão de fertilizantes, o tempo de sementeira, a boa técnica de sementeira e especialmente a profundidade de sementeira adequada, a irrigação adequada e o tempo adequado para a primeira colheita.

A limpeza eficaz das parcelas é a melhor acção. Boa técnica de sementeira e, especialmente, profundidade e tempo de sementeira adequados; o uso adequado de fertilizantes, devido ao excesso de fertilizantes fosfatados no solo, ajuda os gorgulhos do feijão a assentarem em caules de feijão cru. No caso de uma propagação intensiva de pragas (acima de 5) as plantas devem ser aspergidas com pesticidas pirotróides, ou substitutos [48].

Recomenda-se que o feijão seja colhido a tempo e sem perdas. Os grãos ou sementes de leguminosas forrageiras devem ser armazenados em locais bem fechados, armazéns limpos, separadamente de acordo com as variedades de feijão, utilizando nanotecnologias para limpeza e processamento. Durante o período de armazenamento deve ser verificada a propagação do gorgulho do feijão. Não é recomendado deixar feijões danificados em armazéns ou atirá-los sem a sua eliminação.

Em condições familiares, os resultados efectivos podem ser obtidos a partir de entradas de carvão em grãos de feijão. O processamento térmico com nanotecnologia é permitido antes da serragem e durante o tempo de armazenamento. Para este fim, os grãos ou sementes são aquecidos em secador de grãos em $64\text{-}60^0$ C durante 25 minutos para a obtenção desta temperatura apenas sobre uma pele de semente. Os gorgulhos do feijão são sensíveis a baixas temperaturas - 4^0 C quando todas as fases estão a morrer em 25-30 dias, em - 10^0 C em 15 dias, etc. Para este efeito, a colocação do feijão nos frigoríficos evita a propagação de pragas. Medidas de prevenção semelhantes são também para outras sementes de leguminosas.

Depois de receber escaravelhos alimentares adicionais começam a pôr ovos nas superfícies das cascas de ervilhas verdes. O número de ovos depende do número de escaravelhos. Em condições favoráveis de desenvolvimento de insectos, o número de ovos chega a 600-700, normalmente o número de ovos é de cerca de 100-150. A duração da fase larvar de acordo com a temperatura é de 1,0-1,5 semanas. As larvas podem entrar na semente apenas uma larva se desenvolve numa única semente. Uma vez dentro da semente, a larva desenvolve-se rapidamente, alimentando-se do conteúdo da semente. Após a larva ter terminado de se alimentar e ter o interior da tampa devidamente afinado, está pronta para passar à fase de pupa. A fase de pupa dura 2-3 semanas após o adulto cortar a tampa circular, e deixa a semente. Nas regiões quentes da Geórgia Ocidental os escaravelhos deixam os grãos no Verão (durante a época da colheita e por vezes no Inverno, quando as sementes são guardadas em armazéns). Em regiões comparativamente frias, deixam os grãos apenas no segundo ano da Primavera, após a sementeira de ervilha ou por vezes também de soja. O gorgulho da ervilha está a danificar toda a planta da ervilha. Note-se que o número de insectos é regulado pelo seu parasita dos ovos Latromeris *bruchicida Vas*.

Muito eficaz é a sementeira de sementes saudáveis devidamente seleccionadas. É necessário separar as sementes danificadas das saudáveis, utilizando o seguinte método: as sementes devem ser colocadas numa solução de sal de mesa (3 kg de sal em 16 litros de água) ou tratadas pela nossa tecnologia inovadora de sementeira, descrita num próximo capítulo. Fumigação de armazéns com os fumigantes relevantes. As leguminosas de grão devem ser polvilhadas com pesticidas organofosforados ou pirotrópicos [19].

4.3. Doenças das culturas de leguminosas e seu controlo

Pea Aschokhita - Ascochyta pisi Lib. Esta doença afecta as vagens de ervilha, bem como outros cereais e leguminosas forrageiras, folhas e caules. As manchas nos caules, folhas, gavinhas e vagens podem ser de cor arroxeada, preta, ou castanha. Ferem como antracnose de feijão. Tais manchas aparecem quando partes jovens de plantas são infectadas. Se a planta amadurecida estiver infectada, então não aparecem manchas mas sim fungos em todas as partes da planta e os Picnidiums são espalhados. Isto arruína completamente as vagens de ervilha e transfere em sementes de coberturas onde aparecem muitas manchas amarelas. As sementes ligeiramente infectadas aparecem muitas vezes saudáveis. O desenvolvimento da doença de Ascochyta é favorecido pelas altas temperaturas e humidade, tal como acontece na Geórgia Ocidental.

Se as sementes estiverem ligeiramente danificadas e aparecerem em condições relativamente boas, podem germinar. Se as condições do solo forem más, então as sementes ligeiramente danificadas também perdem importância.

O fungo não produz grandes quantidades de leguminosas cultivadas, se não incluirmos as vagens de plantas infectadas, que estão a ficar completamente destruídas e a cair. O fungo é típico das ervilhas e não infecta outro tipo de leguminosas em condições naturais. Em caso de infecção artificial de outras leguminosas, a doença não é significativa.

Práticas agronómicas incluindo a lavoura profunda imediatamente após a colheita. Utilização de materiais de sementes saudáveis e resistentes e rotação de culturas de 3 anos. Recomenda-se a rotação de culturas para que após 5-6 anos as culturas de leguminosas devam ser repetidas. A utilização de variedades resistentes é outro método de controlo, assim como a manutenção de termos e profundidades óptimos de sementeira considerando diferentes zonas.

A abordagem das melhores práticas de gestão é a de variedades resistentes às plantas. A remoção de fontes de infecção é importante para prevenir ou reduzir a propagação secundária nas culturas, controlar a propagação do vírus, escolha de cultivares resistentes, utilização de sementes sem vírus, sementeira densa, e remoção de plantas infectadas.

O mosaico comum do feijão é um dos problemas de vírus libertados. Os sintomas típicos do mosaico comum do feijão são um ponto verde claro. O controlo mais eficaz é o das variedades resistentes às culturas, as plantas infectadas devem ser removidas, e a luta contra as pragas (transmissão do vírus) utilizando pesticidas de contacto.

Durante o controlo de pragas e doenças, recentemente temos de prestar especial atenção ao impacto dos pesticidas e herbicidas na microflora do solo. No sistema de protecção das culturas de leguminosas é dada especial atenção aos impactos negativos na microflora do solo causados por pesticidas utilizados contra organismos nocivos. O tratamento pesado do solo após a utilização de pesticidas pode reduzir os microrganismos benéficos do solo. As plantas dependem de uma variedade de microrganismos do solo para transformar o azoto atmosférico em nitratos, que as plantas podem utilizar. Os herbicidas comuns perturbam este processo, reduzem o crescimento e a actividade das bactérias fixadoras de azoto que vivem livremente no solo. A protecção integrada das plantas é a utilização de métodos valiosos para um caso particular, dando preferência a medidas não químicas versus métodos químicos utilizados para aumentar a resistência das plantas e manter o equilíbrio natural, proteger o ambiente ecológico [48].

Imagem 2. Acanthoscelides obtetus

Imagem 3. Bruchus pisorum

Imagem 4. Ascochita pisi

Imagem 5. Fusarium avenaceum

Imagem 6. Alfalfa caranguejo esponja

Imagem 7. Acanthoscelides

Existem muitos tipos diferentes de pesticidas e, de acordo com a sustentabilidade, estão divididos nos seguintes grupos: Substâncias que mantêm a sua estabilidade por mais de 18 meses (a maioria dos pesticidas organoclorados); Substâncias com estabilidade de 18 meses (algumas da ureia produzida, algumas triazinas e outras); Pesticidas, que mantêm a estabilidade de 12 meses (derivados do ácido benzóico, amidas ácidas); Substâncias que mantêm a sustentabilidade até 6 meses (nitroanilinas, ácidos carboxílicos, etc.). Substâncias que mantêm a sustentabilidade durante 3 meses (derivados do ácido carbâmico, ácidos carbonicos alifáticos e outros); Pesticidas, que mantêm a sustentabilidade durante menos de 3 meses (compostos organofosforados e outros).

Os pesticidas cobrem uma vasta gama de compostos, afectando de forma diferente a microflora e fauna do solo. Entre estes, os insecticidas organoclorados, utilizados com sucesso no controlo de vários insectos, não reduzem o número de microrganismos do solo, enquanto que a introdução de outros insecticidas sintéticos - insecticidas organofosforados reforça o seu processo de desenvolvimento. Os fungicidas podem causar danos graves, resultando em perdas críticas de rendimento, qualidade e lucro comercial. Os insecticidas sustentáveis têm um efeito negativo na fauna saudável do solo, os menos sustentáveis têm um efeito ligeiro e invulgar. Os herbicidas têm uma pequena influência sobre estes organismos e as suas outras acções são insignificantes [4, 19].

Na Geórgia, identifica-se que os herbicidas causam lesões prejudiciais à microflora do solo. Reduzem o seu número nos campos de milho, vegetais e vinhas. As bactérias são mais susceptíveis aos herbicidas, do que os fungos. Os herbicidas não afectam negativamente a fixação de azoto livre, as suas acções negativas reduzem quando a sua ingestão em conjunto com fertilizantes minerais. Fungicidas - causam lesões mais prejudiciais dos microrganismos nitrosos do que insecticidas e herbicidas [26].

Capítulo 5. Tecnologias avançadas para a melhoria da fixação biológica de azoto por leguminosas

Os últimos anos mostram que a investigação sobre os efeitos de temperaturas mais elevadas em organismos benéficos do solo como as bactérias *Rhizobium* espécies invasoras, pragas e agentes patogénicos, a reabilitação do solo com o uso de tecnologias avançadas de cultivo e de melioração é altamente necessária. A investigação agrícola e ambiental precisa de colaborar muito mais estreitamente. A investigação sobre os impactos das alterações climáticas na biodiversidade e nos ecossistemas e sobre a economia dos ecossistemas e da biodiversidade apenas começou e 50 longe não pretende ser mais do que investigação preliminar.

O sistema tradicional de fertilização e protecção das plantas por pesticidas na rotação de culturas com leguminosas leva à contaminação do solo superficial. Infelizmente, neste caso, as plantas utilizam apenas cerca de 30-45% de fertilizantes minerais. O lastro do mesmo, bem como o de pesticidas acumula-se no solo superficial. Para reduzir a contaminação, a melhor maneira é a tecnologia patenteada avançada, que tem sido estudada nos últimos 20 anos. Verificou-se que a tecnologia de sementeira proposta e utilizada é necessária para aumentar as despesas (53%) com o cultivo e a contaminação do solo. As regras de aplicação da tecnologia foram estabelecidas e o nível de contaminação foi determinado durante aproximadamente 100 anos de cultivo em rotação de culturas com utilização de leguminosas.

Um dos papéis mais importantes no Programa de Segurança Alimentar e Segurança Alimentar da Geórgia é atribuído ao abastecimento da população com proteínas de origem vegetal. Para a Geórgia, a segurança alimentar e as normas alimentares são questões globais críticas no contexto da contaminação do solo. Doenças diferentes como doenças devidas a alimentos e forragens contaminados são problemas generalizados na Geórgia e em todo o mundo, e são também uma causa importante de redução da produtividade económica. A melhoria da fixação biológica de nitrogénio por leguminosas é uma das maiores questões globais da agricultura moderna para a reabilitação de solos subutilizados.

A experiência da Geórgia prova que as culturas de leguminosas forrageiras e recentemente leguminosas de grão de bico, feijão-de-bico, lentilhas, e da última vez - haricot e soja - têm um papel importante ao longo da história do país (em menor escala nos séculos 19th e 20th). As culturas citadas não foram apenas uma fonte de alimento e forragem, mas também uma poderosa alavanca na reestruturação das terras aráveis da Geórgia e no aumento da fertilidade dos solos. Os antepassados georgianos conheciam bem o elevado valor nutritivo destas culturas de leguminosas e o seu efeito positivo nos homens e animais, que eram utilizadas como massa verde e palha, incluindo características medicinais.

O método original de inoculação (pilling) de grãos e sementes de leguminosas forrageiras, utilizando equipamento de limpeza de sementes "Petkus" K- 541 de fabrico alemão, elaborado e patenteado [28] pelo nosso grupo de cientistas em quatro países, permite obter um elevado rendimento de grãos com gastos mínimos no cultivo com maior fixação biológica de azoto. A utilização de novas tecnologias no campo do agricultor proporciona um elevado lucro, bem como um ambiente protegido para as gerações futuras.

Ao longo de muitos séculos, estes cereais e leguminosas forrageiras, utilizados na rotação de culturas juntamente com o trigo de Inverno e a cevada de Inverno na Geórgia Ocidental, habituaram-se bem às mudanças climáticas, às tensões bióticas e abióticas como a precipitação, geadas e outras condições climáticas desfavoráveis, diferentes variedades de doenças e contra todas as probabilidades que deram rendimentos quase estáveis. Os georgianos compreenderam bem o grande significado da preservação da fertilidade do solo e estimaram devidamente o efeito do azoto biológico fixado pelas leguminosas, na produção de grãos (principalmente trigo) a serem semeados na mesma parcela de terra no ano seguinte utilizando apenas azoto biológico e fertilizantes orgânicos eficientes (figura 1).

O aumento da eficácia destas culturas baseia-se no método original de inoculação de sementes de leguminosas com estirpes modernas de bactérias *Rhizobium* como pingente, seleccionadas para cada variedade de leguminosas em cooperação com algumas instituições internacionais. Este método permite-nos obter a máxima colheita de sementes de leguminosas forrageiras e de grão e de massa verde, bem como de palha, com o mínimo de despesas. Na aplicação deste método a semente antes da sua sementeira, não requer tratamento químico por fungicidas, aumento da taxa de germinação, elevados gastos em fertilizantes minerais, para bactérias *Rhizobium*, diminuição de inóculos, portadores de energia para agro-maquinaria, etc.[28].

A falha deste método patenteado é que consiste em fertilizantes de nitrogénio mineral caros devido à agro-tecnologia. A sua aplicação resulta no crescimento do auto-custo da produção obtida, lavando quase metade destes fertilizantes e a sua evaporação, poluição do ambiente, reservatórios de água, e o desenvolvimento do processo desfavorável de eutrofização (precipitação de massa orgânica no fundo de lagos, rios, bacias, etc.). A falha deste método agrotécnico significa que a produtividade é baixa, fertilizantes e *Rhizotorphin* (as bactérias *Rhizobium* contêm bio-fertilizante na base da turfa) são consumidos em grande quantidade, e apenas a terceira parte é consumida pelas plantas, a agrotecnologia aplicada é de baixa rentabilidade, o azoto mineral é lavado e polui a ecologia ambiental.

Esta tecnologia foi utilizada na inoculação de sementes de leguminosas através do método de formação de pílulas ou inoculação de sementes por maquinaria de linha. No método acima descrito de fabrico de pílulas de sementes de leguminosas através da utilização de fertilizantes minerais, estrume, a semente é coberta com película protectora de polímero que consiste em potássio, fertilizantes fosforados na quantidade que são fornecidos pelas normas agrotécnicas por planta, fixadas para leguminosas.

A inovação oferecida assegura o crescimento da cultura de plantas leguminosas. Para a inoculação de sementes de leguminosas por inoculação e obtenção de comprimidos, estamos a utilizar a planta de limpeza e processamento de sementes PETKUS K- 541 (Figura 3), com dados de capacidade técnica - 2,5 t/h para limpeza de sementes e 1,8 t/h para inoculação de sementes (granulação) a comprimidos após reconstrução (durante algum tempo, para inoculação).

A inovação consiste no seguinte: as sementes de culturas de leguminosas são humedecidas primeiro pela água, depois por 30% de solução de álcool polivinílico, as sementes são cobertas com micro e macro fertilizantes. Os micro fertilizantes são: ácido bórico, molibdenato de amónio, sulfato de zinco e cimento adicionalmente modificado termicamente, e só depois é que a semente é coberta com *Rhizotorphin* (contendo bactérias *Rhizobium*) - activador da fixação biológica de azoto, seleccionado especialmente e com precisão para cada cultura e variedade.

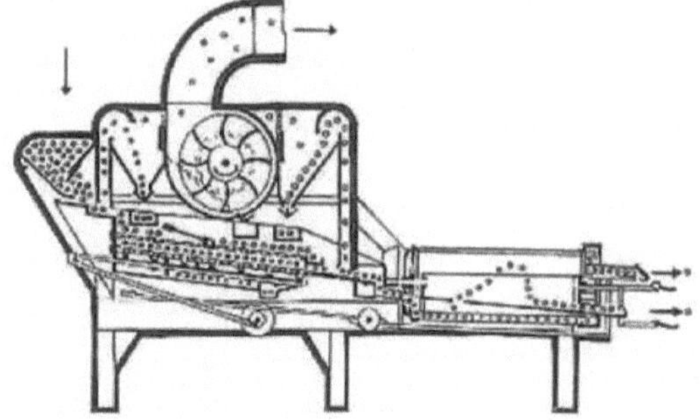

Fig. 3. Esquema do equipamento de limpeza PETKUS K-541, utilizado para a sementeira das leguminosas

Por estas tecnologias patenteadas (Korakhashvili, Patente do Estado da Geórgia # 1180) os comprimidos de sementes são feitos da seguinte forma (Exemplo) : 100 kg de semente condicional de grão de bico é coberto com 12,9 litros de água, é mantido num recipiente fechado durante uma hora até ao consumo completo dessa água; depois a semente é retirada do recipiente (a superfície da semente deve estar seca), é colocada num tambor rotativo, 0.Adiciona-se 9411 de solução de água com álcool polivinílico a 30% e mistura-se durante 15 minutos, para igual humedecimento, por ácido bórico - 0,0134 kg, sulfato de zinco - 0,0087 kg, molibdenato de amónio - 0,024 kg, cimento -4,3068 kg e rizotorfina -0,3529 kg e mistura-se para fixação final da mistura de componentes à semente, para a qual 10-15 minutos são suficientes. A pílula obtida é seca através de inundação de ar quente (30-35° C) até à secagem da superfície da semente. Em seguida, a semente é enxaguada em clorofórmio, solução a

3% de policarbonato e é seca de novo num fluxo de ar quente (30-35° C) durante 10-15 minutos até à evaporação completa do solvente e o aparecimento de uma película nas pílulas de semente [28].

A inoculação de sementes de leguminosas pelo método de sementeira, assegura uma economia considerável de fertilizantes micro e macro minerais bem como de material de tratamento de bactérias *Rhizobium*, protecção do ambiente contra a sua poluição, produção ecologicamente pura e segura de leguminosas e mais tarde nas mesmas parcelas de terreno, produção elevada de outras culturas, que são semeadas depois dessas leguminosas e utilizam favoravelmente azoto biológico fixado pelas culturas de leguminosas. É uma forma forte de reabilitação de solos subutilizados por azoto, estrutura e elevação de minerais precipitados de linhas profundas de solos.

A acumulação intensiva de azoto biológico no solo resulta no aumento da sua fertilidade e no crescimento da produção de leguminosas em 40% e da de gramíneas de leguminosas em 57%.

O quadro apresenta os dados sobre a eficiência económica do método acima descrito, provando claramente a sua rentabilidade. A aplicação das tecnologias elaboradas nas economias de cultivo de leguminosas de grão, independentemente dos seus pequenos territórios, provou que as tecnologias tradicionais utilizadas no cultivo destas culturas não podem competir, mesmo que ligeiramente, com as realizações científicas, especialmente se considerarmos os índices, como o rendimento líquido e o valor de protecção ambiental.

Quadro 2

Eficiência Económica da Tecnologia de Pilling com Sementes de Leguminosas

Versão/ Variedade	Rendimento t/ha	Crescimento do controlo comp. de rendimento	Preço por tonelada de grão, EURO	Valor total da produção colhida por hectare, EURO	Despesas efectuadas para crescimento	Rendimento líquido º EURO	Nitrogen fixo, kg	Lucro, %

				Total	extra				
Grão de bico, cultivado por agrotecnologia padrão (controlo)	1.75		400	700		274.5	425.4	23.7	155
Grão de bico, cultivado pelo método de sementeira e agrotecnologia relevante	2.45	0.72	400	988	288	183.4	804.5	51.6	439

Especialmente muito bem foram os assuntos nas economias agrícolas distribuídos na zona árida da Geórgia Oriental, no último ano de vegetação de 2015-2016 (como cultura de Inverno) nos municípios de Mtskheta e Dedoplitskaro, onde plantamos essas culturas utilizando a tecnologia de peletes de sementes por meio de ajudas financeiras e científicas amáveis dos institutos CGIAR.

Quadro 3

Contaminação de solos (condicionalmente) durante 100 anos de diferentes culturas

Sequência de culturas (Rotação)	Contaminação do solo superficial (condicionalmente) restante (Tradicional / Novas Tecnologias*), kg/ha
Trigo Contínuo	689.56/190.37*
Alfalfa contínua (3 anos)	239.92/102.85*
Grão-de-bico contínuo	440.32/148.32*
*Trigo, Alfalfa (3 anos de pé), Chickpea (cultivado por novas tecnologias de sementeira) em 5 anos de rotação de campos	

Nestas regiões, nas parcelas de terra dos agregados familiares dos agricultores, a cerca de 3,7 t/ha de grão de bico, 2,6 t/ha de lentilhas, e 4,1 t/ha de feijão faba foi obtido nas pequenas experiências, enquanto na Geórgia Ocidental, na zona húmida (municípios de Lanchkhuti e Samtredia) a soja nas parcelas piloto atingiu 2,8 toneladas por hectare sem fertilizantes minerais azotados. É de salientar que a vantagem das tecnologias elaboradas era tão aparente e fiável que encontrou grande popularidade entre os agricultores e as autoridades governamentais locais durante os dias de campo.

Do ponto de vista da reabilitação do solo e da protecção ambiental, efectuámos cálculos de contaminação do solo superficial durante 1 século, cultivado por tecnologias tradicionais e novas (quadro 2). A utilização de pesticidas (tradicionais) e de novas tecnologias não têm alternativa para a contaminação, como no caso do trigo, a diferença é de 363%, no caso de Alfalfa 235%, e 297% menos no caso do grão de bico [38].

Devem ser criados no futuro próximo grupos colectivos científicos conjuntos, que trocarão os resultados das realizações da investigação científica, intensificarão a formação de intercâmbio de agricultores, participarão activamente em reuniões publicitárias de cientistas e agricultores, simpósios e conferências nos países vizinhos.

O aumento da eficiência dos resultados do trabalho de investigação é uma exigência do dia e deve ser apoiado pela criação das condições necessárias para reforçar as economias das explorações agrícolas privadas não só na Geórgia, mas também no Sul do Cáucaso, países da UE, etc. Isto abrirá o caminho para a implementação bem sucedida dos Programas de Segurança Alimentar do nosso país, com base nesta tecnologia de protecção do solo e do ambiente [19].

Capítulo 6. Estratégia de reabilitação de solos subutilizados por leguminosas

A erosão da terra é um problema grave a nível mundial. Tanto o vento como a água são capazes de desgastar o solo. As capacidades de produção de alimentos e fibras das grandes nações estão a ser comprometidas devido aos grandes danos causados pela erosão do solo. Numerosos casos podem ser citados da história, onde a erosão do solo tem causado enormes problemas. No entanto, como continuamos no século XXI, os povos do mundo estão a cometer o mesmo erro em muitas áreas que causaram extensas perdas no passado. A erosão do solo e a conservação do solo determinam a necessidade de uma estratégia de reabilitação de solos subutilizados para a Prevenção e Redução da Erosão do Solo [34].

A área de solos subutilizados na Geórgia é de cerca de 158 mil hectares (2004), que recentemente foram utilizados como pastagens puras. As gramíneas de cobertura poupadas são leguminosas (28%) e têm um potencial real para a sua utilização no programa de reabilitação integral dessas terras para melhoria da fertilidade [49].

A erosão do solo pode ser reduzida ou travada através de uma boa gestão do solo. Felizmente, as práticas de gestão que reduzem a erosão do solo aumentam a retenção de água. Isto, por sua vez, ajuda a estabilizar o abastecimento de água doce disponível para as culturas, gado, vida selvagem e pessoas. Também reduz a secura e a pulverulência, que constituem ameaças à boa qualidade do ar. A maioria dos métodos de conservação do solo baseia-se em (1) reduzir o impacto da gota de chuva, (2) reduzir ou abrandar a velocidade do vento ou da água em movimento através da terra, (3) fixar o solo com raízes vegetais, (4) aumentar a absorção de água, (5) plantar leguminosas em rotações especiais de culturas durante 3-5 anos, ou (6) transportar a água do escoamento superficial com segurança. Se a água estiver livre para descer uma colina, aumenta em volume e velocidade, apanha e empurra partículas do solo, e transporta estas partículas para fora da terra. Isto resulta em erosão de folhas e sarjetas e deposita o solo, nutrientes e produtos químicos no fluxo.

A erosão das folhas é a remoção de camadas de solo do terreno, enquanto que a erosão do barranco é a remoção do solo que deixa trincheiras [31, 41].

Seguem-se algumas práticas estratégicas recomendadas para reduzir ou prevenir a erosão do vento e da água na Geórgia:

• Manter o solo coberto com plantas em crescimento, especialmente por plantas como a alfafa com sistema radicular forte. As plantas reduzem o impacto destrutivo das gotas de chuva, reduzem a velocidade do vento e do movimento da água através da terra, e mantêm o solo no lugar quando ameaçado pelo vento ou pelo movimento da água;

• As plantas e as suas folhas cobrem o solo com cobertura vegetal. A cobertura morta é um material colocado na superfície do solo para quebrar a queda das gotas de chuva, impedir o crescimento de ervas daninhas e/ou melhorar o aspecto da área;

• Utilizar métodos de lavoura de conservação. A lavoura de conservação significa utilizar técnicas de preparação do solo, plantação e cultivo que perturbem o menos possível o solo, deixando à superfície a quantidade máxima de resíduos vegetais. O resíduo vegetal é o material vegetal deixado quando uma planta morre ou é colhida;

• Utilizar práticas de contorno na agricultura, produção em viveiro, e jardinagem. A prática de contorno significa conduzir todas as operações, tais como a lavoura, a destilação, a plantação, o cultivo e a colheita, em toda a encosta e ao nível. Desta forma, quaisquer ruturas ou cristas criadas por maquinaria percorrem a encosta ou colina. Quando a água tenta correr pela encosta, encontra os sulcos e as cristas. Como estas são niveladas, a água tende a mergulhar no solo. Isto retém a água para utilização futura;

• Utilizar o cultivo de faixas em terrenos montanhosos. O cultivo em tiras significa alternar tiras de culturas em fila com tiras de culturas próximas. Exemplos de culturas próximas são feno, pastagem e grãos de leguminosas, tais como feijão, grão de bico, lentilhas e soja. Exemplos de culturas em fila são o milho, a soja e a maioria dos vegetais. As faixas de culturas próximas capturam a água de escoamento das culturas da fileira e impedem-na de entrar nos cursos de água.

• Rodar todas as culturas do campo. A rotação de culturas é a plantação de diferentes culturas num determinado campo todos os anos ou de vários em vários anos. A rotação de culturas permite que as culturas próximas retenham água e solo, e tende a reconstruir o solo contra as perdas incorridas quando as culturas em linha ocupam a terra;

• Nas rotações de culturas 60-70 % dos campos plantam por culturas perenes de leguminosas, aumentam o azoto biológico por inoculação de sementes e técnica de sementeira;

• Aumentar a matéria orgânica no solo. A matéria orgânica é tecido vegetal e animal morto. Folhas de plantas não vivas, caules, ramos, cascas e raízes decompõem-se e tornam-se matéria orgânica. Da mesma forma, estrume animal e insectos mortos, vermes e carcaças de animais decompõem-se para fazer matéria orgânica. A matéria orgânica decomposta forma uma substância semelhante a gel que retém partículas do solo em grânulos absorventes chamados agregados. Um solo agregado é um solo absorvente de água e de retenção de nutrientes. A matéria orgânica também liberta nutrientes que melhoram o crescimento das plantas;

• Fornecer o equilíbrio correcto dos fertilizantes orgânicos e minerais de cal (se necessário) com a utilização de tecnologias avançadas de irrigação, como a fertirrigação. A cal é um material que reduz o teor ácido do pH do solo. Também fornece nutrientes tais como cálcio e magnésio para melhorar o crescimento das plantas. Os fertilizantes instantâneos de última geração são materiais que fornecem nutrientes para as plantas imediatamente após a aplicação;

• Estabelecimento de cursos de água permanentes com leguminosas. Por exemplo, a relva como um curso de água de trevo branco é uma faixa de relva que cresce numa ária de um campo onde a água tende a fluir, causando erosão [34].

Para uma melhoria eficiente da fertilidade dos solos degradados na Geórgia, a equipa agrícola da Universidade Agrária da Geórgia realizou um enorme trabalho de investigação. Neste caso, mais interessantes estão abaixo de 3 tabelas, realizadas em solos subutilizados do vale de Alazani.

Quadro 4

Azoto biológico fixado em várias leguminosas pelo método N^{15} (Entre as plantas e a bactéria *Rizobium*)

Leguminosa	Azoto fixo (kg/ha/ano)	Usado por leguminosas para cultivo, kg	Rede no solo para as próximas culturas
Alfalfa	97	36	61
Sainfoin	63	28	35
Pé-de-pássaro trifólio	41	27	14
Ervilhaca da Coroa	51	18	33
Ervilhaca do leite	37	24	13
Ervilhaca peluda	42	30	12
Soja	83	36	47
Feijão	76	28	48
Chickpea	78	38	40
Lentilha	71	27	44
Trevo vermelho	57	36	21
Sub-trevo	48	23	25
Trevo doce	41	22	19
Trevo de Kura	37	23	14
Trevo carmesim	33	22	11

Um solo saudável está vivo com microorganismos e macroorganismos a viverem juntos numa teia alimentar que envolve conversões de energia e nutrientes. Fungos, bactérias, minhocas, insectos e organismos vertebrados mais complexos, como roedores e cobras, vivem no solo (Quadro 4). A fotossíntese por plantas, bactérias e algas é a fonte de energia para as teias alimentares do solo e fornece o nível máximo de nitrogénio biológico.

Quadro 5

Tamanho, massa, e relações numéricas entre organismos do solo

Organismos	Comprimento aproximado (milímetros)	Biomassa aproximada (kg de peso seco hectare)$^{-1}$	Indivíduos por 1000 cm cúbicos^{-3}
Fungos	-	600-2800	Biliões
Bactérias	-	500-800	Biliões
Minhocas	20-80	25-50	2
Vermes de vaso	1,0-60,0	1-8	50
Arthropods	1-20	-	100
Nematódeos	0,2-2,0	1,5-4,0	30 000
Ácaros	1,0	2-8	2000
Collembolan	0,5	0,2-0,4	1000
Protozoa	-	-	1 bln (eprox.)
Moeba nua	0,03	46,5	-
Flagelados	0,01	2,5-3,0	-
Ciliados	0,08	<0,5	-
Rhizobium	0,04	54-65	3 000 000

Há muito que se reconhece que a melhoria da fertilidade e a preservação do solo é extremamente importante para os agricultores e proprietários de terras individuais da Geórgia, bem como para todo o Cáucaso. A preocupação com este problema, agravada por trágicos abusos, levou à criação do Ministério da Agricultura da Geórgia Serviço de Reabilitação e Conservação do Solo, uma Comissão Nacional da Agência do Solo que tem sido notavelmente eficaz na redução dos problemas de erosão do solo [47].

Conclusões

Os sistemas de produção agrícola como agro-ecossistemas na Geórgia são a parte de ecossistemas complexos com espécies que dependem umas das outras numa complexa teia de interacções. A abordagem dos sistemas à ecologia sugere que é nas ligações e interacções entre os componentes do sistema (os solos, plantas e microrganismos e o seu ambiente inato, abiótico e biótico) que as características do sistema são fixadas. Não se pode compreender o funcionamento de um sistema olhando apenas para os seus componentes sem considerar estas interacções. Neste sistema agrário desempenham um papel muito significativo as culturas de leguminosas, como poderoso instrumento de fertilidade do solo e de melhoria estrutural.

Além disso, o comportamento complexo do sistema é difícil de prever, uma vez que existem inúmeras trajectórias paralelas possíveis, especificamente quando o sistema é traçado sobre os limites, o "ponto de viragem". Isto sugere que somos incapazes de prever o comportamento dos agroecossistemas quando estes enfrentam mudanças climáticas drásticas, que podem mover organismos para fora da sua zona de reacção ("nicho ecológico"), desencadear mudanças dramáticas na disponibilidade de recursos e outros eventos, podem ser catastróficos ou de natureza "rasteira". Esta complexidade foi também reconhecida nas abordagens modernas à gestão de solos secos, por exemplo, a estratégia de reabilitação de solos subutilizados Paradigma de Desenvolvimento.

As culturas de leguminosas de grão têm um papel específico na agricultura e nutrição, na melhoria dos solos, especialmente na resposta à procura colocada pela crescente população mundial, que se estima estar algures entre 9,6 e 12,3 mil milhões até ao final do século.

As pessoas precisam de proteínas na sua dieta e se quisermos produzir proteínas suficientes para alimentar a população mundial, reduzindo simultaneamente os impactos ambientais negativos da agricultura, uma porção substancial de proteínas alimentares terá de ser derivada de plantas, idealmente de leguminosas, o que diminui substancialmente a utilização de azoto. Para as pessoas pobres em recursos, tanto urbanas como rurais, as leguminosas de grão podem fornecer proteínas juntamente com micronutrientes (ferro, zinco) e outros compostos bioactivos que promovem a saúde intestinal e, consequentemente, uma nutrição mais ampla [16].

Portanto, a investigação isolada e linear sobre culturas de leguminosas ou alterações climáticas apenas pode ficar aquém da complexidade do sistema associado, face a alterações climáticas drásticas. É claro que há uma necessidade urgente de melhorar a qualidade da ciência disciplinar, por exemplo, a reprodução que se debruçou sobre o calor e a tolerância à seca das culturas para os solos desta área. É necessária uma investigação muito mais integrada com um sistema de reabilitação de solos subutilizados. O rápido aumento das temperaturas tem impactos significativos na produtividade do solo, no desenvolvimento de leguminosas e comunidades de animais de alimentação em tais solos, prados e campos. Por exemplo, "a perda de determinadas espécies de polinizadores reduz a resiliência do ecossistema à mudança". A segurança alimentar depende dos serviços ecossistémicos dos polinizadores, especificamente das abelhas, num grau elevado. Não são necessários para o arroz, trigo e milho, mas são uma condição prévia para ou afectam cerca de 35% da produção agrícola mundial, incluindo leguminosas, aumentando a produção de 87 das principais culturas de leguminosas. Os serviços de polinização não podem ser simplesmente substituídos por seres humanos. O valor económico mundial do serviço de polinização prestado pelas abelhas e outros polinizadores de insectos foi de 113 mil milhões de euros em 2015 para as principais culturas de leguminosas que alimentam o mundo.

A flora da Geórgia alberga um número muito elevado de parentes de leguminosas selvagens mais comuns. Estas espécies selvagens desempenham um papel muito estratégico em programas de melhoramento de culturas como fonte potencial de resistência a factores bióticos (pragas e doenças) e abióticos (seca, geadas, salinidade, etc.). Ao mesmo tempo, as leguminosas têm um potencial de melhoria dos solos através da fixação de azoto e melhoramento da estrutura. Este factor dá uma boa oportunidade aos cientistas e agricultores para a selecção das melhores bactérias *Rhizobium* para cada uma das variedades de leguminosas cultivadas e para a reabilitação de solos subutilizados.

É necessária uma maior diversificação das culturas e o envolvimento de plantas polivalentes como leguminosas para fazer face às alterações climáticas e à crescente procura de alimentos na região. É necessária mais investigação para a recuperação e utilização sustentável de terras marginais, subutilizadas e salinas. Uma vez que a agricultura é hoje em dia realizada principalmente por pequenos agricultores, os planos de acção nacionais devem dirigir-se aos agricultores e agro-pecuaristas como principais utilizadores da terra, a fim de mostrar a viabilidade das tecnologias bioecológicas, permitir a adopção de tecnologia num processo participativo, aumentar a sensibilização e fornecer informação para a ampliação regional das medidas bem sucedidas [10].

A investigação científica e tecnológica deve, portanto, ter como objectivo melhorar a atractividade das culturas de cereais e de leguminosas forrageiras para os agricultores pobres em recursos, proporcionando-lhes solos melhorados, diversificados e seguros, com potencial para gerar rendimentos. Esta estratégia deveria assegurar a posição das culturas de leguminosas nos sistemas agrícolas e assim contribuir para o objectivo maior.

Referências

1. Abdullaev I., Kazbekov, J., Manthritilake, H., Jumaboev, K... Gestão participativa da água no canal principal: Um caso do canal de South Ferghana no Uzbequistão. Agricultural Water Management, Volume 96, Issue 2, 2009 p. 317-329.

2. Agladze G., Korakhashvili A., 1999. Grass landraces of Georgian arid pastures. Relatório de um Grupo de Trabalho sobre Forragens.Elvas, Portugal, 97 pp.

3. Alam, A., Higher A, 2008, Food Prices: Desafios e Oportunidades para os Países da ECA. O Banco Mundial.

4. Aleksidze G., Berishvili M. 2005. Estudo de algumas questões de Biologia da Traça do Algodão (Chloridea armygera Hb.) sobre Chickpea e resultados de testes de pesticidas contra eles no estado de Shida Kartli. Boletim do GAAS, Tb. "Moambe", #13. pp. 65-67.

5. Alimjanov P. 1968. Insectos que danificam as culturas de leguminosas. Tashkent, Uzb. pp. 110-131.

6. Asseng, S., Cao, W., Zhang, W" ludwig, F., 2009, Crop Physiology, Modelling and Climate Change: Estratégias de Impacto e Adaptação, in: Sadras, V.O., pp.22-27

7. Calderini, D.F. (eds.) Crop Physiology, Applications for Genetic Improvement and Agronomy, San Diego p. 511-543.

8. Aw-Hassan, A., Mirzabaev, A., Mukhamedjanov, V., Yuldashev T., Gritsenko, N., Vyshpolskiy, F., Qadir, M, submetido, 2004. The impact of phosphogypsum use on farm-level income from magneSium-affected soils in Kazakhstan.

9. Bedoshvili,D., O., Martius, C., Gulbani, A., Sanikidze, T., 2009 , Culturas Alternativas para a Zona Subtropical da Geórgia Ocidental e as suas Oportunidades de Venda, bem como os Riscos no Mercado Europeu. Agricultura Sustentável na Ásia Central e no Cáucaso Série No.6. CGIAR-PFU, Tashkent, Uzbequistão. 39 p.

10. Bernard J. Nebel, Richard T. Wright. 1993, Environmental Science, Prentice Hall, New Jersey, 630 p.

11. Burton L. DeVere e Elmer L. Cooper, 2005, Agriscience, Thomson Press, EUA, 803 p.

12. Buddenhagen I., 1983, Breeding Strategies for Stress and disease resistance in developing countries. Ann.Rev. # 21, 409 p.

13. Didebulidze Alexander, 2001, Sustainable Rural Development and Poverty Reduction in Georgia, Conferência "Access to land", Bona, Alemanha. pp. 126-130.

14. Dixon DP., Lapthorn A., EdwardsR., 2002, Plant glutathione transferases, Genome Biol., 3: 3004.1-3004.10 pp. 12-28.

15. Doty SL., Shang TQ., Wilson AM., Moor Al., Newman LA., Strand SE., Gordon MP., 2003, Metabolismo dos contaminantes do solo e das águas subterrâneas, dibromida de etileno e tricloroetileno, por árvore leguminosa tropical Laucaena laucocephala, Water Res. 37: pp. 441-449.

16. BERD e FAO, 2008. Combater a inflação alimentar através do investimento sustentável. Potencial de produção e exportação de cereais nos países da CEI. Aumento dos preços dos alimentos: causas, consequências e respostas políticas. 10 de Março, Londres. pp.27-34

17. FAO (2015) Country Programming Framework for Georgia, 2016 a 2020, Itália, 104 p.

18. Frankel O., Soule M.,1981, Conservação e Avaliação. Cambridge University Press. 327 p.

19. Gegenava G., Ugrekhelidze D. 1999. Medidas de protecção de plantas químicas. Tbilisi, pp. 3-420.

20. Gullner G., Komivec N,Rennenberg H. 2004, Detoxification of chloro-acetinilide by transgenic poplars. In: Fitorremediação: aspectos ambientais e biológicos moleculares. Workshop da OCDE, Hungria, Abstr., 24 p.

21. Gupta, R., Kienzler, K., Mirzabaev, A., Martius, c., de Pauw, E., Shideed, K., Oweis, T., Thomas, R., Qadir, M., Sayre, K., Carli, c., Saparov, A., Bekenov, M.,

Sanginov, S., Nepesov, M., Ikramov, R., 2009, Prospecto de Investigação: A Vision for Sustainable Land Management Research in Central Asia. Programa ICARDA para a Ásia Central e Cáucaso. Sustainable Agriculture in Central Asia and the Caucasus Series No.1. CGIAR-PFU, Tashkent, Uzbequistão, 84 p.

22. Huntley, B., Green, R.E., Collingham, Y.c., Willis, S.G., 2007, A Climatic Atlas of European Breeding Birds, Barcelona: Lynx Ed... ISBN 978-84-96553-14-9

23. Huxley, A.,1992, The New RHS Dictionary of Gardening, Volume 4, Londres, pp. 34-51.

1 4.ICARDA-CAC, 2007. Relatório Final do Projecto de Gestão do Solo e da Água (RETA 6136). Escritório regional do Centro Internacional de Investigação Agrícola nas Áreas Secas para a Ásia Central e o Cáucaso. Tashkent, Uzbequistão, 2007, 334 p.

25 . Ismali, A. M., Actividades da IRRI na Ásia Central e na região do Cáucaso (CAe) em 2006. Relatório Anual apresentado à IRRI, Metro Manila Filipinas 2006. 27-44 pp.

26 . Kanchaveli L. 1987. Fitofatologia Agrícola. Tb. Publ. "Sabchota Sakartvelo", pp. 3-410, (em georgiano).

27 . Keshelava R. 2000. Herbicidas e microrganismos do solo. Mag. "Plant Protection and Quarantine", #8, Moscovo. 12-36 pp.

28 . Korakhashvili A., 1996, Método de Inoculação de Sementes de Soja. Patente do Estado da Geórgia # 1180, Tbilisi. Geórgia, 5 p. (em georgiano).

29 . Korakhashvili A., 2001, New Growing Technologies of Grain Legumes and Their role in Farmers Economics. "Caravana", Aleppo, Síria, pp 23-29.

30 Korakhashvili A. 2001, Annual Management Plan for Farming by Computer Program BARMEX, Third European Conference on Precision Agriculture, Montpellier, França, pp 47-51.

31 . Korakhashvili A., Teo Urushadze, 2002, Growing of Oldest Legumes by New

Technologies in Georgia, "Grain Production", # 3, Moscovo, Rússia, pp. 34-35 (em russo).

32 Korakhashvili A., 2008, Legumes Seed Inoculation Advance Technology for Biological Nitrogen Fixation Improvement, Integrating Legume Science and Crop Breeding, Segundo Workshop, Novi Sad, Sérvia, pp. 172-179.

33 . Korakhashvili A., D. Kirvalidze, T. Kvrivishvili, R. Vaismiller, E. Sanadze, 2011, Research of Cinnamonic Calcareous Soil Fertilizing Systems for Pastures of Akhaltsikhe District, Communications in Soil Sciences and Plant Analysis, Taylor and Francis, USA, vol. 42, #7, pp. 767-786.

34 .Korakhashvili A., Increasing of Biological Nitrogen Fixation by Legumes Seed Pelleting 2014, The International Conference, Alma-Ati, Kazakhstan, pp. 56-59.

35 . Korakhashvili A., Regeneration and Conservation of Chickpea Genetic Resources of Georgia, 2014, International Conference on Enhanced, Genepool Utilization, Cambridge, Reino Unido, pp.43-44.

36 . Korakhashvili A., Morfological And Seed Biochemical Characteristics of Bean Of Collection Samples, 2015, News of The Academy of Sciences of Kazakhstan, vol.,3, #209, pp.33-41.

37 . Korakhashvili A., 2016, Seed registration, development and certification, in Enabling the Business of Agriculture, WB/EBRD, Washington, EUA, pp. 126-131.

38 .Korakhashvili A., 2016, Chickpea Genetic Resources Regeneration and Safety Duplication in Georgia, CABI Oxfordshire-Boston, UK-USA, pp. 210-221.

39 Korakhashvili A.D. Kirvalidze, 2016, Chickpea Genetic Resources Regeneration and Safety Duplication in Georgia, Universal Journal of Agricultural Research, USA, Vol. 4(3), pp. 67-70.

40 .Korakhashvili A, T. Sanikidze, L. Korakhashvili., 2017, Adaptação dos Sistemas de Comunicação de Segurança Alimentar RASFF e INFOSAN na Produção de Queijos da Geórgia. Workshop da AASSA comity, Academies of Sciences, Nova Deli, Índia, pp.18-21.

41 . Mahendra Shah, Strong Maurice, 1999, Food in the 21st Century: from Science to Sustainable Agriculture. Washington, EUA, 72 p.

42 Njoroge W. John, 1997, Indicadores de uma Agricultura Sustentável. IFOAM, Imsbach, Alemanha, 124 p.

43 .Qualset, e. O., 2009. Elementos de uma Estratégia Nacional de Gestão e Utilização de Recursos Fitogenéticos na Geórgia. Agricultura Sustentável na Ásia Central e no Cáucaso No.4. ICARDA-CAC/FAO 87 p.

44 .Ronald D. Knutson, J.B. Penn, Barry L.1998, Flinch Baugh. Agricultural and Food Policy. New Jersey, USA, 521 p.

45 Sands, D.C, Morris, CE., Dratz, EA, Pilgeram, A.L., 2009, Elevando a nutrição humana óptima para um objectivo central de melhoramento vegetal e produção de alimentos à base de plantas, in: Plant Science 13 p., dOi:1O.1016/j.plantsci.07.011

46 SCN: A 2ª Comunicação Nacional da Geórgia à Convenção-Quadro das Nações Unidas sobre Alterações Climáticas, Preparada conjuntamente pelo Ministério do Ambiente e Recursos Naturais da Geórgia e pelo Programa das Nações Unidas para o Desenvolvimento, Tbilisi, Geórgia 2009, 230 p.

47 .Valisiev, V. 1973. Pragas de árvores agrícolas e florestais. Vol. 2. Kiev, Ucrânia, pp. 526-533.

48 Zaalishvili G., Khatiashvili G.,Ugrekhelidze D., Gordeziani M, Kvesitadze G., 2000, Plant potensial for detoxification (Review), Appl. Biochem Microbial 36, pp. 443451.

Biblioteca electrónica

www.aau.in/english/res_main_forge.asp

www.icarda.org/cac/files/sacac/SACAC_04]GR_strategy_for_   Georgia.pdf

www.germains.com/seed-technologies/

www.benary.com/index.cfm/

www.fao.org/soils-portal/en/

www.fao.org/ag/AGP/AGPC/doc

www:umaine.edu (Produção e Gestão de Forragens)

www:ext.nodak.edu (Forragem de qualidade para a máxima produção e retorno)

www.tnau.ac.in/cpbg/forage.html

www.igfri.ernet.in/aicrp_fc.htm

www.nurtitionsociety.org/node

www.nutrition.utk.edu/index.html

www.sph.umn.edu/programs/

www.health.vic.gov.au/nutrition/

wwww:webl.msue.msue.msu.edu (Sistema de Informação Forrageira)

Sobre os Autores

Avtandil Korakhashvili, Professor, Académico do GNAS. Autor de 17 livros escolares, 8 instruções, 6 monografias, 2 patentes, 11 invenções. Mais de 200 publicações científicas na Geórgia e 30 países, como por exemplo: Hungria, Portugal, Suíça, Jordânia, Ucrânia, EUA, Israel, Itália, Reino Unido, Tailândia, Espanha, Índia, Japão, Síria, França, Polónia, Áustria, etc.

Teo Urushadze, Doutor em Ciências Agrícolas, Professor, Reitor da Escola de Ciências Agrícolas e da Natureza da Universidade Agrícola da Geórgia. Autor de 4 livros de texto e mais de 110 publicações científicas em ciências do solo e agricultura biológica.

Davit Kirvalidze, Professor doutorado em ciências do solo,

Cultivando Novas Fronteiras na Agricultura (CNFA) Conselho de Administração. Autor de 53 artigos e livros científicos, realizou posteriormente trabalhos significativos na Arménia, Azerbaijão, Rússia, Cazaquistão, Quirguizistão, Tajiquistão, Países Baixos, Uzbequistão, EUA, etc.

I want morebooks!

Buy your books fast and straightforward online - at one of world's fastest growing online book stores! Environmentally sound due to Print-on-Demand technologies.

Buy your books online at
www.morebooks.shop

Compre os seus livros mais rápido e diretamente na internet, em uma das livrarias on-line com o maior crescimento no mundo! Produção que protege o meio ambiente através das tecnologias de impressão sob demanda.

Compre os seus livros on-line em
www.morebooks.shop

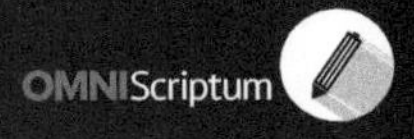

Printed by Books on Demand GmbH, Norderstedt / Germany